U0254033

国家自然科学基金项目：基于多目标优化的既有高校校园绿色化改造评价与设计方法研究——以京津冀地区为例（52078325）

# 高校绿色校园评价体系研究

**Research on Green Campuses
Assessment System of Higher
Education Institutions**

杜娅薇　著

中国建筑工业出版社

**图书在版编目（CIP）数据**

高校绿色校园评价体系研究 = Research on Green Campuses Assessment System of Higher Education Institutions / 杜娅薇著. —北京：中国建筑工业出版社，2024.5

ISBN 978-7-112-29870-9

Ⅰ.①高… Ⅱ.①杜… Ⅲ.①高等学校—生态建筑—环境生态评价—研究 Ⅳ.①TU244.2②X826

中国国家版本馆CIP数据核字（2024）第101518号


责任编辑：黄习习
书籍设计：锋尚设计
责任校对：赵　力

# 高校绿色校园评价体系研究

Research on Green Campuses Assessment System of Higher Education Institutions

杜娅薇　著

\*

中国建筑工业出版社出版、发行（北京海淀三里河路9号）

各地新华书店、建筑书店经销

北京锋尚制版有限公司制版

北京云浩印刷有限责任公司印刷

\*

开本：787毫米×1092毫米　1/16　印张：15　字数：294千字

2024年8月第一版　2024年8月第一次印刷

定价：**58.00**元

ISBN 978-7-112-29870-9

（42817）

# 序

习近平总书记在党的十九大报告中指出，推进绿色发展，倡导简约适度、绿色低碳的生活方式，开展创建节约型机关、绿色家庭、绿色学校、绿色社区和绿色出行等行动，将绿色学校建设纳入绿色发展之中。总书记又在关于《中共中央关于制定国民经济和社会发展第十三个五年规划的建议》的说明中提出"目标导向和问题导向相统一"的原则，将"倒推"和"顺推"相结合。在绿色学校建设方面，从实现绿色化改造目标倒推，厘清到时间节点必须完成的任务；从迫切需要解决的问题顺推，明确破解难题的途径和方法，为既有校园的可持续发展提供工作路径。

我国高等院校数量多、规模大、分布地域广。在既有高校中，相当数量的校园存在用地粗放、空间布局不合理、建筑性能衰退、建筑使用率低、基础设施老化等情况，导致能源资源消耗大、使用舒适度低等诸多问题。正如我们日常所见，高校校园中的楼宇、道路、绿化等改造项目时时发生。但目前的校园改造一般都是问题导向，被动地按需进行校园某一方面的改造与建设，而缺乏目标导向，缺少校园系统性评价方法、全局性改造理念、可持续改造计划、综合性优化方法。

基于上述问题，我所带领的城市更新科研团队从2017年开始关注既有高校校园的绿色化改造工作，先后申请了天津市科技发展战略项目"天津市绿色校园建设策略与方法研究"（2017年）、住房和城乡建设部项目"天津大学老校区绿色改造示范工程"（2018年）和国家自然科学基金项目"基于多目标优化的既有高校校园绿色化改造评价与设计方法研究——以京津冀地区为例"（2021年）。本书作者杜娅薇就是团队中从事这方面研究的第一个博士生，在本项研究中发挥了开拓性作用。本书也是在她的博士论文《基于问题和目标导向相统一的高校绿色校园评价体系研究——以京津冀为例》基础上修改完善而成。

目前，我国虽已有了绿色校园的评价标准，但关于既有高校地域特征、共性问题与发展目标匹配性不足等问题，仍需完善评价理论、方法与实施保障机制；而且，对于存量问题远远大于增量问题且还会日益突出的现实情况应该有更全面的考虑；另外，把研究对象集中在同一气候区的京津冀地区，既保证了调研工作的可行性，也确保了研究成果的可靠性。因此，本项研究基于问题和目标导向相统一原则，以京津冀为例，构建高校绿色校园评价理论框架、方法流程与实施保障机制。

研究主要分为五个部分：①基于问题导向，根据高等教育、绿色校园发展的阶段特征，遴选京津冀15个代表性案例，通过调研、官网信息、问卷多源数据分析，归纳校园存在环境基底差异大、自主建设动力不足、师生参与程度较低等共性问题；②基于目标导向，筛选并充分比较国内外15个典型性高校绿色校园评价体系的主要特征，得出评价体系所处的绿色校园发展阶段与评价目的具有整体"定位"作用，为我国评价体系的构建提供参照；③基于问题和目标导向相统一，通过分析对比、专家意见收集，确定我国高校绿色校园发展阶段与主要目的，逐层筛选主要元素，从高校核心功能、绿色校园主要内容、利益相关者权责出发，构建高校绿色校园综合评价体系；④通过案例测试与专家反馈验证体系的科学性、合理性、适用性，提出绿色校园评价方法与"初级诊断—深化评级"两级评价流程，得到分层级类型化评价结果，指导绿色校园的系统性优化设计；⑤根据案例校园评价结果，结合国内外优秀实践案例的共性特征，提出高校绿色校园的发展路径框架，从治理、运营、参与三方面提出实施保障机制与具体建议清单。

杜娅薇在博士学习阶段，表现出严谨的科研态度、踏实的工作作风和团队合作精神。她参与了我主持的多项科研项目与改造实践；多次调研京津冀地区的既有校园案例，收集了大量第一手材料；积极赴我国济南、武汉、深圳及日本、荷兰等地参与国内外学术会议；并在2019—2020年受到国家留学基金委资助，赴荷兰代尔夫特理工大学建筑与建成环境学院的校园研究团队（TU Delft Campus Research Team）进行为期12个月的科研工作，进一步扩展对绿色、可持续校园的理论积累与实践认知。她经过四年半的努力完成了博士论文的写作，形成本书的主要内容。博士毕业后，她又到中国科学院深圳先进技术研究院、深圳市房地产和城市建设发展研究中心从事博士后研究工作，继续深耕于自己的研究领域。

高校绿色校园是一个多维度的复杂系统，评价体系的构建与验证是一个长期、持续的过程，仍需要经实践反馈而不断完善。希望本书能对相关领域的研究者、实践者有一定的启发，也希望得到读者的批评指正，更希望杜娅薇博士在今后工作岗位上能够取得更多的科研成果。

天津大学建筑学院院长

2023年8月

# 目 录

# 第1章

## 绪论

## 1.1 研究背景

### 1.1.1 全球背景——环境问题下可持续发展的共同责任

气候变化在全球范围内对人类生存环境造成巨大影响，温室气体排放是主要影响因素之一。过去30年间，温室气体总辐射造成的气候增温效应增加了43%[1]，造成各类极端事件[2]，可能导致不可逆转的变化。

联合国《2019年排放差距报告》表明，到2030年，控制温室气体排放的目标仍极具挑战，根据当前政策，2030年的排放量估计达到600亿吨碳当量，根据《巴黎协定》[3]的目标与途径进行中值估算，2030年的年排放量需要比当前无条件的国家自主贡献低150亿吨碳当量（实现2℃的目标），以及320亿吨碳当量（实现1.5℃的目标）。

2020年9月，我国在第75届联合国大会上庄严承诺力争二氧化碳排放2030年前达到峰值，2060年前实现碳中和，2020年《中共中央关于制定国民经济和社会发展第十四个五年规划和二〇三五年远景目标的建议》中进一步明确单位GDP消耗和二氧化碳排放目标[4]，表明我国应对气候变化的责任担当。

### 1.1.2 时代背景——城镇化发展新阶段的提高质量要求

我国城镇化已经从起步、发展，过渡向成熟的提质发展阶段[5]，经济增长驱动力正由投资、消费、出口转向供给侧结构性改革；发展方式需要从工业发展"灰色城镇化"转变为"绿色城镇化"[6]。在城镇化发展的新阶段，宏观发展条件和中微观发展环境发生重大变化，需要发展逻辑的转变，发展理念、模式、体制与机制创新[7]，应在发展的高速时期、积极探索解决城镇化、城市发展既有矛盾的创新解决方案[8][9]。

"十四五"规划指出"顺应城市发展新理念新趋势，开展城市现代化试点示范，建设宜居、创新、智慧、绿色、人文、韧性城市"，强调包容性、统筹性与可持续性[10][11]的城镇化，高校校园也应积极响应绿色、可持续发展的号召。

### 1.1.3  环境背景——高校绿色校园的重要角色与发展急迫性

在国际与国内背景双重作用下，面对环境问题与高质量城镇化发展挑战，我国提出"创新、协调、绿色、开放、共享"的新发展理念[12]，"十四五"更加强调生产方式、生活方式绿色化更上一台阶，强调经济社会全面绿色转型，强调绿色发展的重要战略地位。习近平总书记在党的十九大报告中指出，推进绿色发展，倡导简约适度、绿色低碳的生活方式，开展创建节约型机关、绿色家庭、绿色学校、绿色社区和绿色出行等行动[13]；强调我国必须坚持绿色发展的基调，并重点指出学校作为绿色发展的重要对象之一。

我国高等院校数量大、分布地域广，根据教育部统计，截至2020年6月，全国共有普通高等学校2738所，其中本科院校1270所，全国各类高等教育在学总规模达到4183万人[14]。但是，在资源紧张、校园师生人数逐年增长的压力下，我国高校绿色发展也面临着很多急迫性问题。

**1．整体绿色化水平不高**

根据住房和城乡建设部统计，高校人均用水量是全国人均的1.95倍，人均年能耗是全国人均的4.32倍[15]，相当数量的高校存在用地粗放、基础设施老化、建筑性能衰退等现象，导致能源资源消耗大、使用舒适度低等问题。

**2．绿色校园的发展动力不足**

高校绿色校园的建设较依赖国家政策引导、财政投入，自身缺乏持续性与创新性。校园的建设与改造往往以问题导向为主，针对现阶段使用过程中的急迫性问题进行局部的改造更新；但缺乏问题与目标导向相结合的系统性建设，容易导致重复性改造，投入与产出不匹配，适用性有限、效果不佳等问题。

**3．绿色校园发展综合性不强**

一些高校对绿色校园的建设仅局限于环境方面，未能充分发挥高校的教育与科研功能，往往造成师生绿色意识较为薄弱、绿色行动参与程度不足等问题。

面对高校绿色校园发展的急迫性问题，我国发布一系列文件支持节约型校园、绿色校园建设。《绿色校园评价标准》CSUS/GBC 04—2013与《绿色校园评价标准》GB/T 51356—2019两部全国性评价标准的发布具有开创性意义，其中"高等院校部分"为我国高校绿色校园建设提供理论基础。但针对京津冀高校，仍需要在现有标准的基础上，进一步优化与重构以更充分地指导绿色校园建设。

**1．全国性标准对于京津冀高校绿色校园地域特征考虑不足**

现有全国性评价标准未能充分考虑京津冀高校的地域性特征，未能综合考虑区域地理、气候与高校的绿色化基底特征，对京津冀高校适用性不足。

**2．全国性标准对京津冀高校绿色校园现阶段共性问题针对性不强**

现有全国性标准未能充分考虑京津冀高校现阶段绿色校园发展的共性问题，未能全面兼顾不同发展程度校园的评价需求，难以高效带动校园参评积极性。

**3．全国性标准对京津冀高校绿色校园发展需求与目标匹配性不足**

现有全国性评价标准未能基于绿色校园的综合目标对京津冀校园建设进行引导，对问题与目标的匹配性不足，未能充分发挥评价的引导效用。

面对高校绿色校园发展的迫切性与矛盾性，作为绿色校园发展初始步骤的评价体系构建显得至关重要。评价体系不仅是绿色校园发展理念、发展目标、发展模式的体现，也是我国绿色发展意识形态、文化文明、价值观、治理理念的输出[16]，体现我国绿色发展的治理智慧。

# 1.2 概念界定与研究范围

## 1.2.1 概念界定

### 1．绿色校园

近30年，我国绿色校园发展不断推进，从环境教育到节约型校园再到今天更加完整的绿色校园，经历多个发展阶段，其主要内容也更加明晰。

绿色校园在国内外定义中有相似的内涵，不同的表达，"绿色校园"在我国《绿色校园评价标准》CSUS/GBC 04—2013中被定义为"在其全寿命周期内最大限度地节约资源（节能、节水、节材、节地）、保护环境和减少污染，为师生提供健康、适用、高效的教学和生活环境，对学生具有环境教育功能，与自然环境和谐共生的校园"[17]。在《绿色校园评价标准》GB/T 51356—2019中被定义为"为师生提供健康、适用、高效的学习及使用空间，最大限度地节约资源、保护环境、减少污染，并对学生具有教育意义的和谐校园"[18]。

在国外，绿色校园基本等同于可持续校园，其基础是可持续发展理念，具体是指"既满足当代人的需求，又不对后代人满足其需求的能力构成危害的发展"[19]。2015年，联合国开发计划署支持实施"2030年可持续发展议程"提出"可持续发展目标"，提出一个共同的、和平的、繁荣发展的蓝图，并呈现了17个具体的目标，这些目标同样被很多校园作为绿色校园、可持续校园建设的理论基础。

在国外高校绿色校园评价体系中，"绿色校园"或者"可持续校园"的概念往往基于可持续发展定义与目标（表1-1），注重可持续发展的三个主要维度；注重校园所具有的特有的教育与科研功能，并将这两者相结合，突出高校校园在可持续发展中所承担的重要角色；注重可持续发展目标，以及高校校园自身特点，从目标与角色两个角度建立一种互动关系。

绿色、可持续校园定义与主要内容比较 表1-1

| 主要发布国家/地区（资料来源） | 绿色、可持续校园定义与主要内容 | 核心维度 |
|---|---|---|
| 荷兰（评价体系AISHE[20]） | 基于可持续发展概念，通过高校的四种角色（教育、科研、自身运营、社会参与）体现 | 教育、科研、高校运营、社会参与 |
| 日本（评价体系ASSC[21]） | 指"通过教育、科研、社会合作和校园发展，建设可持续发展社会的校园"；不仅意味着"低环境影响校园"，而且旨在"推动植根于社会挑战的教育与研究，作为整个大学的政策；以与周边地区相协调的方式发展校园，从而切实和多边地支持社会福祉" | 教育、科研、社会合作、校园发展 |
| 印度尼西亚（世界绿能大学GM[22]） | 环境方面包括自然资源利用、环境管理和防治污染；经济方面包括利润及节约成本；社会方面包括教育、社区及社会参与 | 高校在环境、经济、社会维度的表现 |
| 美国（评价体系STARS[23]） | 基于可持续发展目标，以高校为对象，将目标体现在环境、社会、经济维度，并从课程、科研、公众参与角度衡量高校在可持续发展方面的影响力 | 可持续发展目标在教育、运营、科研、参与上的体现 |
| 联合国（评价体系Toolkit[24]） | 基于可持续性、可持续发展概念：大学各类活动在生态上是健全的，在社会和文化上是公正的，在经济上是可行的 | 毕业生在环境、经济、社会维度的参与 |

我国绿色校园的概念也在不断演进中，绿色校园的发展在环境可持续性的基础上，正在向更加综合、完整的绿色校园转变，以充分发挥高校不可或缺的重要角色，并带动持续性的积极影响。

2020年，教育部办公厅发布《绿色学校创建行动方案》[25]提出绿色校园主要建设内容：①开展生态文明教育（教育维度），②实行绿色规划管理（管理维度），③建设绿色环保校园（环境维度），④培育绿色校园文化（参与维度），⑤推进绿色创新研究（科研维度），表明绿色校园内容的综合性。

因此，本研究的绿色校园在《绿色校园评价标准》GB/T 51356—2019的基础上，强调高校校园作为可持续发展的一个节点所起到的连接性、教育性与参与性作用，并定义为：为师生提供健康、适用、高效的学习及使用空间，节约资源、保护环境、减少污染，最大限度地实现人与自然的和谐共生，并对学生具有教育意义、促进师生绿色参与行动的和谐校园。

**2．评价体系**

"评价"是指评价主体根据一定的评价标准对评价客体作出价值高低判断的观念活动[26]；评价体系通常是指基于科学的分析方法、运用数理模型对评价对象进行描述、分析与判断，从而支持管理与决策[27]；评价模型的建立基于充分分析与界定评价对象所属的类型、目标体系及内部结构关系，运行动力机制[28]。评价过程主要包括评价目标的界定与分析、分析层次与结构的建立、评价问题的预处理、指标与权重的确定、计算方法的选择与决策等，从而合成一个系统性的综合评价框架[29]。

**3．问题和目标导向相统一**

问题导向是以解决所面临的问题为工作方向。目标导向是以达到某一既定目标为工作方向。问题和目标导向相统一是将"顺推"和"倒推"相结合，从绿色建设迫切需要解决的问题顺推，从实现绿色化改造的目标倒推，明确破解难题的途径和方法。正确地理解与运用问题和目标导向相统一的辩证关系，有助于为高校绿色校园的建设与评价提供科学的工作路径。

"问题导向"的实质是"及时发现问题，科学分析问题，着力解决问题的过程"[30]；目标导向是方向指引，是科学制定方案，持之以恒朝着既定目标前进。"问题导向是目标导向的逻辑起点，目标导向是问题导向的根本方向"[31]。基于问题导向，可充分分析绿色校园建设"理想与现实之间的矛盾"；基于目标导向，可更加明确"理想与现实的差距"[32]，将两者结合起来、统一起来，能够以科学、系统的路径构建高校绿色校园评价体系并推动绿色校园的建设与实施。

## 1.2.2 研究范围

本书以京津冀地区作为研究区域主要基于以下三个特点。

1）京津冀地区高等教育资源丰富、类型多样化，可以反映出我国高校的普遍问题，可作为深入研究绿色校园现状问题与解决策略的代表性区域。

2）在京津冀协同发展规划的统筹下[33][34]，京津冀城市群共同发展、相互配合，生产要素自由流动和优化配置进一步加强，高校绿色校园的发展也基于这样的背景，应进行一定的整体性、协同性考虑，为我国其他城市或者城市群绿色校园的发展提供依据。

3）京津冀大部分地区处于相同的气候区，具有相似的地理与气候特征，可作为代表性研究区域，研究结果可推广应用于类似区域。根据中国气候分区[35]，京津冀地区处于温带湿润区。我国《民用建筑热工设计规范》GB 50176—2016将建筑热工分区划分为五个一级区划，京津冀大部分地区属于寒冷地区，设计原则应满足冬季保温要求，部分地域兼顾夏季防热。

## 1.3 研究目的与意义

### 1.3.1 研究目的

本研究在我国现有评价标准基础上，以京津冀地区为例，针对研究区域高校提出更具针对性与适用性的体系，并突出以下目的。

**1. 探索构建高校绿色校园评价的理论体系**

基于问题和目标导向相统一，通过分析京津冀高校绿色校园建设的主要问题，比较国内外绿色、可持续校园评价体系的共性特征，结合我国现阶段高校绿色校园整体发展状况，构建高校绿色校园综合评价理论体系。

**2. 科学提出高校绿色校园的评价方法与流程**

改善现有绿色校园评价体系综合性、引导性、适用性不足的问题；基于高校绿色校园综合评价体系构建"初级诊断—深化评级"两级评价流程，引导不同发展水平的校园实施评价；探索京津冀高校可持续、可实施、可推广的评价方法，通过评价促进校园的绿色化规划设计，作为设计决策的依据。

**3. 合理完善高校绿色校园评价目标的实施保障机制**

结合国内外优秀的绿色校园建设实践，根据京津冀高校绿色校园建设所处的阶段、校园评级类型化特点，提出差异化目标下的实施路径、优化实施保障机制，鼓励多主体、内外部共建的推动方式，促进绿色校园持续、高效建设。

### 1.3.2 研究意义

**1. 构建高校绿色校园评价体系，为绿色校园建设提供理论依据**

我国高校绿色校园发展向着"全面推广"阶段迈进，针对现阶段区域性评价体系研究与实践不完善问题，本研究提出高校绿色校园评价理论框架，为高校决策者、管理者、规划设计者、师生提供认知、了解、评价的理论基础，为政府行政部门、规划部门的管理与决策提供理论依据。

**2. 提出高校绿色校园评价方法与流程，为校园绿色设计实践提供指导**

针对现有体系对区域性高校适用性、指导性不足的问题，基于问题和目标导向相统一的原则，为京津冀高校绿色发展提供清晰明确、便捷适用的评价方法与流程，为不同绿色化水平的校园提供评价路径，为高校绿色校园的基础信息收集、方案系统性优化、规划实施、策略决策的制定提供科学的指导。本研究有助于鼓励高校参评，并有效降低校园绿色评价、绿色设计与实施的增量成本，推动高校承担可持续发展责任。

**3．提出高校绿色校园实施保障机制，为绿色校园多主体共建提供参照**

高校绿色校园在"节约型示范校园"相关政策支持下取得快速发展，但针对不同绿色化基础与发展能力的校园，其发展的目标、路径、方式等研究仍不充分。本研究提出绿色校园的实施保障机制，明确发展目标、实施路径框架，为推动绿色校园的实践与持续发展提供指导。本研究有助于管理部门完善绿色校园建设的内外部治理体系，有助于高校落实绿色校园的实施与运营策略，有助于师生树立绿色意识并传播绿色文化，从而为绿色校园的持续发展提供参照。

# 1.4 发展动态与研究现状

## 1.4.1 绿色校园的发展动态

### 1.4.1.1 国外绿色校园发展动态

国外绿色校园发展源于"可持续发展"概念，并扩展为环境教育，又向高等教育延伸，通过高校会议、倡议、宣言等，逐步形成绿色、可持续校园的校园理念，作为推动绿色校园实践发展的基础。在社会层面，1972年《斯德哥尔摩宣言》是对"全球人类环境影响的首次评估"。在联合国相关议程的推动下，全球逐步形成可持续发展共识，并制定行动方案，定义发展目标，细化责任与职责。在环境教育层面，1975年《贝尔格莱德宪章》明确"环境教育"理念；2005年，联合国颁布"可持续发展教育"十年文件，强调了教育对于可持续发展的作用，并提出应积极地在各个层次的教育中普及可持续发展理念与意识。

在高等教育方面，1990年由22所高校发起的《塔乐礼宣言》代表着绿色大学在全球范围的推动；随着一系列宣言的倡导，高校可通过参与及发布发展报告履行可持续发展承诺。2012年高等教育可持续发展倡议（HESI）[36]得到全球300多所高校支持，高校之间建立起紧密的联系纽带。从1990年至今的30多年间，国外绿色、可持续校园的持续发展过程中，高校不仅是绿色校园发展的实践者，也是文化的传播者，组织的构建者。

### 1.4.1.2 我国绿色校园发展动态

我国绿色校园的发展，同样始于环境教育，并逐步向学校、高校普及，从"环境教育"到"节约型校园"，再到"绿色校园"。根据相关学者、政策分析，我国绿色校园发展大致可以分为三个阶段[37][38]。

### 1. "环境教育"下绿色校园理念的初步形成

1992年，我国编制《中国21世纪议程》白皮书，明确了实施可持续发展的战略[38]；1996年，国家环境保护局、中共中央宣传部、国家教育委员会联合颁布《全国环境宣传教育行动纲要（1996—2010年）》，提出创建"绿色学校"；1998年，清华大学建设成为首个"绿色大学示范工程"，绿色校园的理念初步形成。

### 2. 节约型校园理念下的实践与探索

在发展环境教育的基础上，教育部、住房和城乡建设部等相关部门进一步明确绿色校园的发展方向。2008年，教育部面向"985工程"高校召开研讨会，发布《建设可持续发展校园宣言》，住房和城乡建设部、教育部联合颁发《关于推进高等学校节约型校园建设，进一步加强高等学校节能节水工作的意见》和《高等学校节约型校园建设管理技术导则（试行）》，提出节约型校园的具体建设内容。

### 3. 绿色校园理念的多元化转变

2013年中国城市科学研究会颁布《绿色校园评价标准》CSUS/GBC 04—2013，2019年住房和城乡建设部发布的《绿色校园评价标准》GB/T 51356—2019进一步细化绿色校园评价内容，体现绿色校园在节能节水校园基础上内涵的综合性、多元化转变；2020年教育部办公厅发布的《绿色学校创建行动方案》详细阐述绿色校园五个重要维度：教育、管理、环境、参与、科研。

在一系列国家政策引导下，清华大学、同济大学有序开展绿色校园改造与更新方案，建成并应用校园能耗监测平台，起到示范性作用；在节约型校园专项基金的支持下，许多高校积极采取行动，探索绿色校园发展路径；截至2017年，超过200所高校成功获得校园能耗监测管理平台基金，其中超过100所校园成功通过验收[39]。我国绿色校园的建设虽然起步较晚，但发展较为迅速，以"节能节水"为抓手，带动一部分高校取得明显成效。

## 1.4.2 绿色校园的研究现状

### 1.4.2.1 国外绿色校园研究现状

国外对于绿色、可持续校园的研究起步较早，本研究以Web of Science（WOS）和Scopus数据库为依据，通过以下搜索词对"篇名、关键词、摘要"进行检索，对近30年（1990年至2020年）相关研究数量进行统计（图1-1），检索条件如下：

TITLE-ABS-KEY（"Green" or "Sustainable" or "Eco" or "Energy-efficiemcy" or "Low carbon"）AND TITLE-ABS-KEY（"Higher education institutions" or "University" or "College"）。

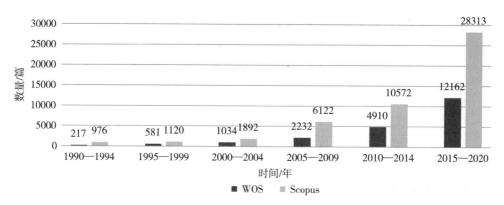

图1-1 Web of Science和Scopus数据库绿色校园相关研究数量（1990—2020年）

国外高校绿色、可持续校园的相关研究在1990年处于起步状态，随着时间推移，研究数量呈现翻倍增长，2015—2020年的研究尤其丰富。将搜索范围限定为2000—2020年的期刊文章，并对相关性、引用率较高的文献进行梳理与分析，从以下五个方面进行总结。

**1．绿色校园发展目标**

高校绿色校园的内涵与主要目标在发展过程中不断深化，许多学者运用综合性的研究方法对绿色、可持续校园的发展目标、动态演变过程进行分析，从不同地区不同参与者角度进行归纳：Wright[40]调查加拿大高校校长对可持续发展目标的理解；Karatzoglou[41]，Filho等[42]，Bessant等[43]归纳高校在可持续发展中的关键作用与积极贡献；Koscielniak[44]分析波兰高校可持续发展理念的转变；Beynaghi等[45]提出可持续校园的三种类型；Figueredo[46]，Albareda-Tiana等[47]调研并探讨如何通过学生参与实现校园可持续发展目标。

**2．绿色校园规划与设计**

在绿色校园整体性规划与设计方面，学者们从不同视角进行分析，在发展初期，比较有代表性的有：Turner[48]阐述校园规划的基本理念，综合性、动态性实施方法；1963—2000年，Dober系列丛书[49][50][51]梳理高校校园整体性规划方法；近年来，校园规划与设计更多注入跨学科理论，如从商业化与市场化[52]、创新治理[53]、生态建设模式[54]等角度探索绿色校园规划。

在局部性规划与设计方面，研究的角度与对象更加多样化，定性与定量相结合的研究方法更加普遍，基于精确数据采集、大量实证案例，对校园特征进行提取与分析：Ataallah等[55]分析伊拉克校园物理特征与景观作用，Lauri等[56]分析加拿大高校可持续发展规划中优先项选取的依据；此外还有针对校园节水[57]、采购[58]、交通[59][60]某一方面的深入性研究。

### 3．绿色校园运营管理

国外学者更加注重校园建成环境的运营管理，在绿色校园能耗管理方面，随着校园智慧基础设施的发展与普及，基于校园实际运营数据产生丰富的研究成果：Emeakaroha等[61]以英国高校建筑为例构建建筑用能模型与反馈机制、整体性能耗预测模型；Yoshida[62]等以日本大阪大学为例制定校园日用能计划。

在校园管理策略方面，学者们提出多样化管理模型，Cairo[63]从学生参与的角度分析其管理方式；Fiksel等[64]以美国俄亥俄州立大学为例，分析整体管理策略；此外，从校园与城市合作的可持续发展模式[65]、能耗监测系统运营方式[66]、校园治理[67]等角度，也产生许多探索式研究。

从1994年起，荷兰代尔夫特理工大学校园研究团队（TU Delft Campus Research Team）[68]作出较为深入、持续性、系统性研究：De Jonge[69][70]提出资产管理策略框架；Den Heijer[71]提出校园管理信息概念性模型，从而帮助利益相关者的管理与决策；2017年，Alghamdi[72]总结出可持续校园概念模型，并以沙特阿拉伯高校为例提出实施策略；Valks[73]系统性研究智慧校园技术在校园空间管理方面的应用模式；Arkesteijn[74]在校园管理信息概念性模型基础上，构建校园决策优化与评估流程，指导高校房地产项目的分析与决策。

### 4．绿色校园实施机制

国外学者对于绿色、可持续校园实施机制的研究较为多元化，融入跨学科的理论与视角：Sari等[75]从构建信息服务机制角度保护校园生物多样性；Grindsted[76]分析高校履行与政府之间可持续发展宣言的差异性互动，提出构建更具有激励性的实施机制；Mendoza[77]从循环经济角度，提出指导大学制定循环经济战略的方法框架，提高资源效率和环境可持续性；Putri等[78]通过学生视角研究绿色校园景观实施机制。

### 5．绿色校园评价

国外学者对于绿色、可持续校园评价体系的研究非常丰富，如从可持续教育角度的评价因素分析与筛选[79][80][81]，从校园环境、用地等某一方面[82]进行的评价，以及分析环境可持续发展的影响因素[83]等。

将绿色校园作为整体进行综合性评价是重要的研究视角之一，本研究通过系统性文献综述筛选"比较分析绿色校园评价体系"的文章，分析绿色校园评价的趋势，得到比较相关且具有很强参考意义的27篇文章（表1-2），并以此作为评价体系梳理的基础（详细筛选过程见3.3.1小节）。这些文章从全球性或者区域性视角出发，主要可归纳为三类主题：一是对于多个评价体系的系统性比较分析，并从中得出改进与提升建议；二是在比较既有评价体系的基础上，提出新的评价体系；三是基于案例实测分析评价结果，发现评价问题并提出改进建议。

| 主题 | 作者，发表时间，分析的评价体系的数量（n） | |
| --- | --- | --- |
| | 全球性分析视角 | 区域性分析视角 |
| 评价体系比较 | Shriberg, 2002, n = 11[84]<br>Saadatian et al., 2011, n = 17[85]<br>Sayed et al., 2013, n = 4[86]<br>Lauder et al., 2015, n = 4[87]<br>Fischer et al., 2015, n = 12[88]<br>Amaral et al., 2015, n = 6[89]<br>Bullock and Wilder, 2016, n = 9[90]<br>Alghamdi et al., 2017, n = 12[72]<br>Alba–Hidalgo et al., 2018, n = 12[91]<br>Findler et al., 2019, n = 19[92] | Yarime and Tanaka, 2012, n = 16[93]<br>Berzosa et al., 2017, n = 4[94]<br>De Filippo et al., 2019, n = 12[95] |
| 提出新的评价体系 | Lozano, 2006, n = 11[96]<br>Shi and Lai, 2013, n = 3[97]<br>Sonetti et al., 2016, n = 16[98] | Cole, 2003, n = 8[233]<br>Gómez et al., 2015, n = 8[99]<br>Larrán Jorge et al., 2016, n = 7[100]<br>Cronemberger de Araújo Góes and Magrini, 2016, n = 6[101]<br>Sepasi et al., 2018, n = 33[102]<br>Parvez and Agrawal, 2019, n = 10[103] |
| 体系实测与结果分析 | Fonseca et al., 2011, n = 7[104]<br>Kapitulčinová et al., 2018, n = 12[105] | Lopatta and Jaeschke, 2014, n = 5[106]<br>Gamage and Sciulli, 2017, n = 13[107]<br>Drahein et al., 2019, n = 8[108] |

本研究筛选出的"比较分析绿色校园评价体系"的文献　　　表1-2

国外对于绿色、可持续校园评价体系的构建持续更新，与时俱进，以定性到定性与定量相结合的方式，梳理评价焦点与发展脉络。随着评价体系的演变与更迭，对于评价体系发展与提升的建议也不断变化，并体现在以下三个方面。

在评价内容上，从注重环境、教育两个主要维度，到注重经济[106]、校外参与[91]等维度，体现出对评价导向与应用的反思；在评价对象上，体现出对全球较为统一的评价体系与区域的个性化评价体系之间的辩论，从而从不同维度推动评价体系的发展；在评价方法上，综合性与现实性增加，注入教育学、心理学、管理学、系统科学等学科理论，同时更加关注实证性研究，以大量案例，或者评价报告分析、测试、解读评价体系的优点与缺点。

### 1.4.2.2　国内绿色校园研究现状

国内对于绿色校园的研究起步相对较晚，但近年随着绿色校园主题受到关注，从理论和实践方面产生一系列研究成果。本研究通过相关关键词检索，对知网近30年（1990—2020年）研究进行统计（图1-2），关键词1："绿色"或"可持续"或"生态"或"节能"或"低碳"；关键词2："高校"或"校园"或"大学"。

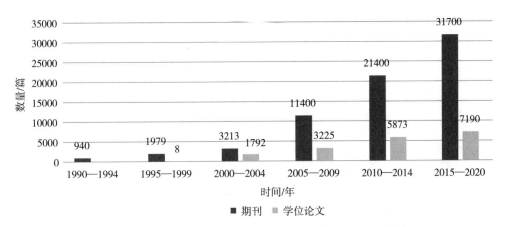

图1-2　知网数据库绿色校园相关研究数量（1990—2020年）

1990—2004年，绿色校园相关研究比较少，2005—2009年相关研究数量迅速增长，并保持着高速增长的趋势。进一步搜索2000年至2020年间，建筑科学与工程（1.00万）和环境科学与资源利用（6292）学科相关研究，对相关性、引用率较高的文献进行进一步梳理、归纳，并从以下五个方面进行总结。

**1．绿色校园发展目标**

近二十年，我国高校绿色校园发展在研究与实践的双重推进下产生了一系列成果，相关研究清晰地梳理了其发展脉络，分析绿色校园目标与内涵的演变：屈利娟[109]，谭洪卫等[110]、[111]，栾彩霞[112]，陈淑琴[113]，陆敏艳[114]，殷帅等[115]对节约型校园的建设与发展、校园能耗监管体系建设情况进行回顾与展望，客观分析绿色校园建设取得的成果、遇到的问题，以及有待提升的方面；节约型校园是绿色校园发展的重要一步，而绿色校园正逐步从节约型校园向更加完整的绿色校园转型，谭洪卫[116]，黄锴强等[117]，赵玉玲、孙彤宇等[118]，管振忠、王崇杰等[119]进一步分析绿色校园的发展趋势，为多角度、多方面建设绿色校园提供参考。

**2．绿色校园规划与设计**

在绿色校园整体性规划与设计方面，2010年前，相关理论逐步发展但尚不丰富，吴正旺等[120]，张津奕等[121]，谭洪卫[122]，冒亚龙、何镜堂[123]从生态、空间规划形态、节约型校园等角度阐述绿色校园的规划与设计方法。

随着绿色校园建设的推进，许多研究结合实践，对我国节约型校园、绿色校园设计的方法与实施效果进行探讨，丰富绿色校园的理论：王崇杰等（2012）编著的《绿色大学校园》[124]以山东建筑大学新校区为例，阐述绿色校园各个方面的规划与设计方法、特征与技术指标，提出绿色大学建设模式；刘伊生等编著的《建设绿色大学，促进低碳发展——北京交通大学节约型校园建设模式》[125]详细阐述节约型校园的构建方式与实践效果；刘东志、高峰等编著的《绿色校园建设之道——天津大学北洋园校区绿色设计及建设纪实》[126]从整体设计规划策略和关键技术等方面详细阐述绿色校园的设计方法。

一些研究以综合性视角，构建绿色校园建设的理论与发展策略：张宏伟、张雪花的《绿色大学建设理论与实践》[127]基于系统科学，综合性梳理绿色大学建设指标与规划方法，以天津工业大学新校区为例，为绿色校园建设提供理论基础；黄献明、李涛的《美国大学校园的可持续规划与设计》[128]基于大量实际案例梳理美国可持续校园规划理论的发展，并探索其对我国的借鉴意义。青年应对气候变化行动网络编写的《全球低碳校园案例选编》[129]，通过国内外优秀案例分析校园低碳规划与策略。

一些博士论文对可持续发展规划策略进行探索：海佳[130]基于共生思想提出高校可持续发展规划策略；寿劲秋[131]基于大学生行为提出校园集约化发展策略；黄翼[132]基于使用后评价分析校园规划设计要素；卢倚天[133]分析归纳美国高校的动态更新设计方法。

很多学者也从地域性角度，针对特定气候区高校绿色校园提出设计策略与方法：张宇等[134]，靳维等[135]针对严寒地区提出绿色校园建设策略；郭卫宏、刘骁[136]，包莹等[137]以湿热地区为例，结合国内外经验，对高校绿色校园的现状、建设策略等进行了深入研究。

对于京津冀地区，一些学者对高校校园建设现状做出较为全面的分析：陈瑾羲的《大学校园北京城》[138]详细梳理北京高校校园的现状问题与影响因素；涂嘉欢等[139]分析北京理工大学良乡校区规划改造设计；张思思等[140]分析北京林业大学节能改造方案与实施效果；高峰等[141]，尚宇光等[142]，魏巍[143]从不同角度分析天津大学北洋园校区绿色设计策略；席素亭[144]分析河北工程大学新校区的生态校园规划方法。

许多学者针对绿色校园的某一方面局部性规划与设计策略展开深入性研究，比较有代表性的有：在校园交通方面，高恺化等[145]，章许灏等[146]基于实际案例，从绿色、安全等视角对高校交通规划与设计方法进行研究，为交通压力日益增大、人车混行现象普遍的校园提供优化方案；在景观与生态方面，曹玮等[147]，胡楠等[148]对景观绿地布局规划的相关指标进行量化分析，并结合实际案例提出改善性意见；在雨水基础设施方面，胡颖[149]，徐安琪等[150]，霍艳虹等[151]结合低影响开发理念对校园绿色雨水基础设施、景观、水景进行研究；在空间利用方面，赵景伟等[152]分析模拟高校地下空间利用方式，提供解决方案。

在绿色校园建筑设计方面，许多学者从节能设计、改造决策、技术应用等角度对校园建筑单体改造或设计进行详细分析：刘丛红等[153]对天津大学既有办公建筑改造、夏晓东等[154]对沈阳建筑大学示范项目、宋晔皓等[155]对清华大学学生食堂、杨丹丹等[156]对江南大学教学楼改造项目进行实证研究；随着研究的推进，许多学者针对某一气候区校园绿色建筑设计的方法集成，或者某一技术在校园整体的适用性进行研究，如全丁丁[157]，朱能等[158]对寒冷地区校园建筑能耗基准线进行分析；郭卫宏等[159]对夏热冬暖地区校园建筑、黄骏等[160]对澳门气候区校园建筑设计策略进行研究；黄锴强等[161]对宿舍太阳能新风系统、周怀宇等[162]对绿色屋顶雨水技术进行研究。

### 3. 绿色校园运营管理

高校绿色校园运营管理方面的研究逐步增加，跨学科研究的趋势逐步凸显；随着节约型校园的推广，校园能耗监测管理方面的研究逐步深入：屈利娟编著的《绿色大学校园能效管理研究与实践》[163]基于大量实测数据，分析我国高校能耗监测平台的建设与管理，为节能管理奠定理论基础；徐斌等[164]分析个人行为与校园能耗的关系，田慧峰等[165]阐述能源与资源利用规划，高力强[166]等基于运行数据分析绿色建筑节能潜力。

从管理模式方面，刘少瑜等[167]比较同济大学与香港大学的运行管理，及其对建筑节能效果的影响；邬国强等[168]提出以利益相关者共同参与的方式建立绿色校园生态系统；从金融支持方面，殷帅等[169]，齐岳等[170]，马骏等[171]，黄锴强、薛飞、徐水太[172]从经济角度提出绿色金融支持绿色校园建设的实施思路；从智慧技术方面，蒋东兴、付小龙等[173]探讨智慧校园体系的建设；王运武、于长虹[174]阐述智慧校园构建的理论基础并以实例进行分析；王强等[175]，杜娅薇等[176]以智慧技术和校园管理相结合的理念探索绿色校园管理方式。

### 4. 绿色校园实施机制

高校绿色校园实施机制方面研究的深度与广度尚不充分，对于保障绿色校园实施的政策、制度与模式构建有待丰富：傅利平，涂俊等的《绿色校园管理模式与运行机制研究》[177]系统地梳理了国内外绿色校园管理、决策、服务模式，为绿色校园治理机制提供参考；秦书生，杨硕[178]分析了绿色校园实施障碍，从管理与实施制度完善方面提出建议；向治中等的《绿色节约发展：中国高校新型校园建设与发展策略研究》[179]阐述了绿色校园主要方面的建设方法与实施模式，对绿色校园实践机制构建起到积极示范作用。

### 5. 绿色校园评价

高校绿色校园是一个复杂系统，许多学者针对其某个子系统的评价进行深入分析：郭茹等[180]，刘颂等[181]，马之珺等[182]，杜娅薇等[183]分别对校园碳排放、雨水基础设施、景观舒适度、交通环境提出评价模型、优化方案，作为绿色校园整体性评价的基础。

自2010年起，高校绿色校园整体性评价研究逐步增多，许多学者对我国高校绿色校园评价体系设计与分析进行研究：如吴志强等[184]，宋凌、李宏军、林波荣[185]对两版绿色校园评价体系进行充分分析与案例验证；朱迪[186]基于4个校园的实证，分析指标合理性并提出优化建议；徐华等[187]基于全国代表性案例的大量实测数据，对评价体系中的能效评价标准进行分析。

与此同时，一些研究者对国内外评价体系进行比较，并基于我国绿色校园发展现状对于评价体系发展趋势与优化方向进行分析：如杨晶晶等[188]，廖袖锋等[189]，周越等[190]深入对比评价体系的特点、要求、适用性；杜娅薇等[191]以京津冀为例提出绿色校园评价体系设计原则。

一些学者以我国高校为例，优化或者提出适宜我国的绿色校园的评价体系，在2013版绿色校园评价标准发布前的前瞻性探索有：杨华峰[192]提出面向循环经济的绿色大学评价体系；陈文荣，张秋根[193]基于教育、环境、科研、实践、办学5个方面提出绿色大学评价体系；在2013版评价标准发布之后的系统性研究有：冯婧、张宏伟、张雪花等[194]基于2013版评价体系提出优化体系；李明洋等[195]，赵泰[196]，陈淑琴、谭宏卫等（2019）[197]以我国某一区域为例，提出具有针对性的评价框架与指标；Lin M H等（2016）[198]以台湾高等职业院校为例提出评价体系，这些体系为绿色校园评价的发展与更新提供了参照。

综上，国内外研究都经历从聚焦"绿色校园环境"到"更为综合的绿色校园"的演进，在研究方法上呈现出定量与定性、综合性方法；通过国内外研究的梳理，得出国内研究仍然有以下不足。

1）缺乏对我国高校绿色校园评价理论体系的深入研究与完善，缺乏结合现阶段发展问题与目标相统一视角下，高校绿色校园评价理论体系的完善。

（1）基于问题导向，国外绿色校园研究的深度与广度更进一步，对绿色校园发展整体性、局部性现状研究更加充分；我国绿色校园的研究多基于示范型校园案例，多聚焦于校园环境，缺乏对不同类型、不同建设深度校园的调研与分析。

（2）基于目标导向，国外学者对绿色校园评价体系的研究与实践较为丰富，我国仍然处于起步阶段，相关研究与实践仍处在发展中，未能充分地将我国评价体系融入全球视野进行比较，缺乏对评价体系发展方向与目标的充分定位。

（3）基于问题和目标导向相统一，我国的研究缺乏在更加综合性绿色校园建设目标导向下，从整体及局部梳理绿色校园发展现状与问题，从而构建符合我国整体发展阶段的绿色校园评价体系。

2）缺乏对我国高校绿色校园评价方法的研究，缺乏兼顾我国现阶段不同绿色发展程度校园的可操作、可适用的评价流程的设置。

我国积极推进绿色校园评价体系的研发与应用，《绿色校园评价标准》CSUS/

GBC 04—2013以及《绿色校园评价标准》GB/T 51356—2019的发布具有开创性意义，为我国绿色校园建设提供参考。但这些标准仍然需要进一步优化，从而对京津冀高校形成更合理、更具有现实意义的评价体系与方法。

（1）现有标准的可操作性待提升。高校主动参与评价、发布评价报告仍较少，以至于未能充分发挥评价体系效用并为高校提供反馈与优化建议；同时，部分指标数据获取难度、得分要求过高[199]，使得高校参与难度高，或动力不足。

（2）评价体系的适用性待提升。对于一些高校，统一性的全国性评价标准未能针对地域性特色作出回应，存在部分刚性指标不合理、柔性指标不足的问题，不能有针对性地反映出校园问题，未能为校园提供适宜的发展方向[191]。

3）缺乏对绿色校园评价目标实施保障机制的研究，缺乏考虑不同发展水平与类型的绿色校园实施路径与保障机制的研究。

（1）高校绿色校园从概念性的政策引导到实践实施仍有很大的距离，在实践上仍缺乏引导性的发展路径，需要在科学、合理评价的基础上，探索高效与持续性的实施路径与机制，支持与保障绿色校园建设的实施。

（2）高校绿色校园发展的基底与速度不同，对于不同发展基础的校园，需要更好地平衡有限的资源与绿色校园建设目标之间的差距，在政策支持的导向下，发挥高校的自主性，从多维度促进绿色校园综合性发展。

# 1.5 研究内容与方法

本研究以京津冀为例，提出"构建基于问题和目标导向相统一的高校绿色校园评价体系，建立系统的、科学的、适用的评价体系、评价方法与流程、实施保障机制"这一关键研究问题，以"问题探索—分析提炼—研究解决、实证验证—机制保障"为核心思路求解研究问题。研究内容分为四个部分由八个章节组成（图1-3）。

## 1.5.1 研究内容

第一部分：问题探索（第1章），阐述本研究的国际、国内背景，研究的必要性与重要性，分析我国高校绿色校园评价体系存在的问题与改进方向。

第二部分：分析提炼（第2、3章），基于问题导向，以京津冀地区高校为例，分析归纳现阶段绿色校园发展的主要问题；基于目标导向，深入比较国内外典型性评价体系的特征，为我国评价体系的构建提供基础材料。

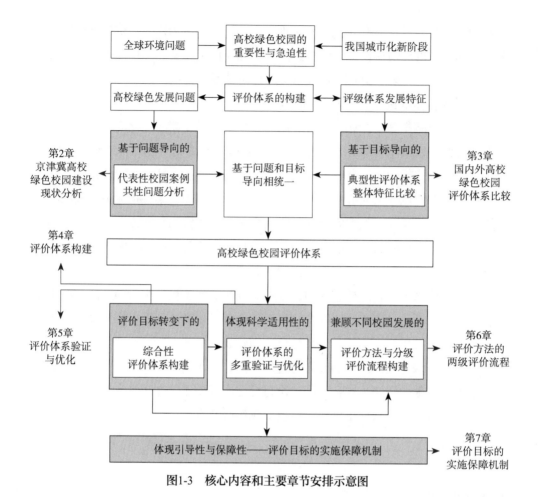

图1-3　核心内容和主要章节安排示意图

第三部分：研究解决与实证验证（第4、5、6章），基于问题和目标导向构建我国高校绿色校园综合评价体系，提出"初级诊断—深化评级"两级评价流程，通过案例测试与专家反馈，验证评价体系的科学性，为处于不同发展阶段的绿色校园提供具有引导性的类型化结果。

第四部分：高校绿色校园评价目标的实施保障机制与研究结论（第7、8章），基于绿色校园评价结果，结合国内外优秀实践案例，在治理、运营、参与方面进行具体分析，并得出机制建议清单；最后总结本书的研究结论与展望。

## 1.5.2　研究方法

### 1．文献法

通过文献资料研究法，对国内外高校绿色校园领域的专著、论文、报告等进行归纳总结，对相关理论与实践进行完整、全面的认知，从而在思路和方法上具有前瞻性。通过大量的国内高校校园统计数据查阅与分析，归纳京津冀高校基本特征；通过对研究目的精准定位[200]、文献筛选结构化报告[201]，科学、系统地查找文献[202]，总结提炼高校绿色校园评价体系的共性特点与发展趋势，作为本课题研究的理论基础。

### 2. 调查法

笔者采取实地调查方式，对国内外多所高校进行深度调研，为探索绿色校园系统性评价、运营管理、实施机制奠定实证基础；通过对京津冀地区30多所高校校园实地调研，分冬、夏两个季节多次观察体验，并选取15个代表性校园案例深入调研，以实地发放问卷的形式对10个案例进行"绿色校园建设现状调研"调查，获取师生第一手评价反馈数据，了解案例校园绿色化建设现状。

### 3. 比较研究法

本研究通过比较研究法，对京津冀高校绿色校园现状发展问题进行充分分析，基于15个代表性案例，构建现状问题分析框架，比较案例共性特点；在国内外典型性评价体系分析过程中，比较不同评价目的与阶段体系的特点；在评价体系验证部分，比较验证本研究体系的合理性；在实施机制的分析部分，比较优秀实践案例实施机制的共同特征，从而获得较为全面与整体的特征分析。

### 4. 专家法

本研究在多个环节采用专家法，通过邀请京津冀地区高校绿色校园相关领域（建筑、管理、环境、经济、生态等研究领域）专家共同参与评价，以网络问卷、电话访谈、见面讨论的形式对我国绿色校园评价体系的设计原则、指标权重等核心内容作出判断，从而对构建原则与研究分析达成共识；并通过专家参与反馈优化、深化，完善研究细节。

### 5. 跨学科研究法

高校绿色校园评价体系研究整合建筑学、城乡规划学、环境科学、管理学、计算机科学等多学科的理论与方法。本研究在综合多学科理论与技术方法的基础上，从建筑学角度统筹和实现绿色校园评价理论框架的构建，基于系统动力学原理构建校园系统模型分析体系的因果关系；使用层次分析法、熵权法得到科学的组合赋权结果；引入管理学模型完善与优化绿色校园的实施保障机制。

### 6. 定量分析法

本研究采用定量分析法对高校校园基础数据进行概括描述，科学构建评价体系，主要利用SPSS软件分析京津冀校园基础特征，概括把握整体与代表案例特征；利用Vensim软件构建评价体系系统动力学模型，分析高校绿色校园评价体系内部耦合关系；基于专家反馈利用Yaahp软件进行权重计算；基于15个案例利用MATLAB软件进行熵权法赋值计算，从而得到组合赋权结果。

## 1.6 研究创新点

本研究的创新点体现在以下三个方面。

1）基于问题和目标导向相统一的原则，以京津冀高校为例，构建"建成环境、运营管理、师生参与"三个维度组成的高校绿色校园综合评价体系，完善绿色校园评价理论体系，将京津冀高校绿色校园所面临的共性问题，与国内外典型性评价体系的特征及趋势相结合，构建评价目标更加综合性转变趋势下，兼顾不同绿色化水平，指导绿色校园实践的综合评价体系。重视高校在可持续发展中的角色，关注多主体协同共建，强调综合性绿色校园目标，为现阶段我国高校绿色校园评价提供坚实的理论基础（第4章）。

2）提出高校绿色校园综合评价方法与"初级诊断—深化评级"两级流程，通过分级化评价对象、递进式使用流程、类型化评价结果，实现评价应用的可实施、可推广、可持续，为绿色校园系统性优化设计提供依据。针对京津冀高校绿色化水平差异较大、部分校园数据不足的应用瓶颈，提出两级评价流程："初级诊断"便捷可行，为校园提供概括性结果，达到最低等级后进入第二阶段；"深化评级"科学合理，为校园提供完整的类型化结果。两级流程的设置兼顾不同水平基底，指导校园的绿色化设计实施（第5、6章）。

3）将绿色校园各维度的特点与实施机制相结合，提出"差异化目标、匹配性路径、共建式方式"高校绿色校园评价目标的实施路径，从治理、运营、参与三方面优化绿色校园的实施保障机制。针对高校绿色化发展自身动力不足、缺乏指导路径等问题，结合国内外优秀实践案例，提出绿色校园评价目标的实施保障机制与具体建议清单，激活并发挥高校的主观能动性，引导不同水平的校园迈向绿色化轨道，将技术理性与政策保障相结合，为绿色校园综合性目标的实现提供路径参考（第7章）。

## 1.7 研究框架

以"问题探索—分析提炼—研究解决、实证验证—机制保障"为核心思路求解研究问题。研究内容的四个部分由八个章节组成（图1-4）。

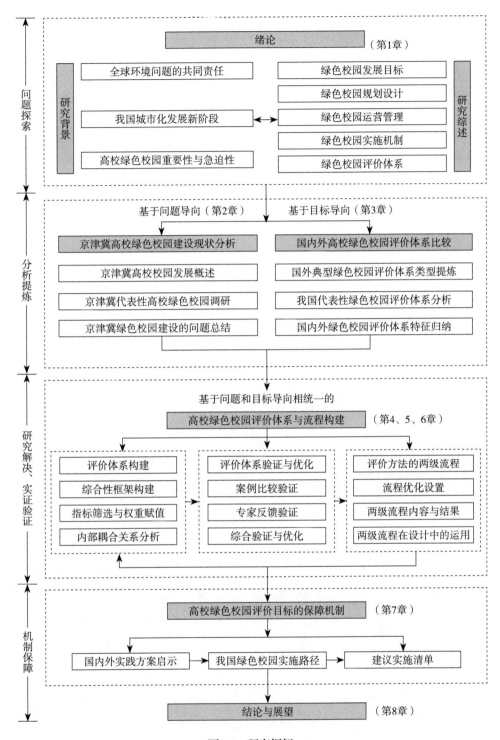

图1-4 研究框架

第 2 章

基于问题导向的京津
冀高校绿色校园建设
现状分析

本章以我国绿色校园发展现状为研究起点，基于问题导向分析京津冀高校绿色校园建设的共性特点。首先，简要梳理我国高等教育及校园建设发展历程，概括绿色校园发展的基底特征，并聚焦京津冀地区高校校园整体概况，分析描述校园的基本特征；然后，基于校园特征的覆盖性，遴选并深入15个代表性校园案例进行调研与分析，通过校园官网、相关研究、实地调研、问卷收集等进行多源数据比较；最后，从绿色校园的基本现状、主要绿色措施、师生的绿色认知与行为三个方面进行数据汇总与综合分析，从而较为准确、完整地掌握京津冀高校绿色校园发展现状，归纳现阶段绿色校园建设的共性问题。

# 2.1　京津冀高校校园发展概述

## 2.1.1　我国高等教育发展与校园建设

### 1. 我国高校校园发展的主要特征

自新中国成立以来，我国高等教育经历了70余年的发展历程，从起步到徘徊，从跨越式发展到优化改革[203][204]，再到提高质量发展，在挑战中不断前行。根据学者们[205][206]分析，高等教育发展时期可以概括为起步期、徘徊期、恢复发展期、体制改革期、跨越式发展期以及提高质量发展期，高校数量、学生数量在长期增长的过程中呈现变速发展趋势，具有明显的阶段性特征。与此同时，高等教育校园的建设也在演变中不断发展。

根据我国高等教育发展的主要阶段，结合高校校园规划、建筑设计的发展动态[207][208][209]，对高校校园各个时期在规划、建筑设计方面的主要特征分析归纳，可以概括归纳出以下特征：根据高等教育发展时期，高校数量呈现变速发展趋势，阶段性明显。目前，我国高等教育已经进入"提高质量发展期"，高校数量将呈现出较为稳定、增长放缓的发展趋势。随着规划建设不断进行，高校校园规划呈动态演变，体现出叠加性。高校校园的建设是长期的动态过程，体现出多种规划理念的碰撞与交融。高校校园存在大量老旧校园，校园建筑整体绿色化水平较低。在绿色建筑、绿色校园相关标准提出之前，高校校园已完成了高速建设，存在大量尚未融入绿色设计理念的既有建筑与校园。

## 2．我国高校绿色发展基底

高校校园处于持续的动态更新中，以创建时的校园环境为基底，保留着各个阶段的改造与更新痕迹。为了概括性描述校园物质环境的基本特征，根据对我国高等教育、校园规划、建筑设计发展阶段的梳理，本书按照校园建设时期将高校绿色校园的发展基底简要分为三个阶段。

### 1）启蒙阶段（1949年之前）

启蒙阶段主要是指历史校园。这类校园创办时间较早，具有比较丰富的历史底蕴、较好的环境基础，历史建筑占比较大，但面临着基础设施老旧、建筑年久失修、原有功能与现状发展不匹配等问题，绿色化改造与更新难度相对较大。

### 2）探索阶段（1949—2006年）

探索阶段主要指中华人民共和国成立后至《绿色建筑评价标准》发布之前建设的校园。这个时间段较长，跨越了高等教育多个发展时期，整体上校园受到了现代校园规划建设理念的影响，对于绿色校园、绿色建筑有一定的考虑，但绿色发展的概念尚不清晰与明确，经过几十年的运营，校园也存在与启蒙阶段校园类似的问题。

### 3）发展阶段（2006年之后）

发展阶段绿色建筑的概念已经十分明确。这一阶段为绿色校园的建设提供了理论与实践基础，尤其是2013年《绿色校园评价标准》发布之后，越来越多的校园规划与建设开始依据相关标准的导向进行设计，新建校园的绿色化水平提升明显，并产生了一些基于系统性规划与建设的绿色校园。

## 2.1.2 京津冀高校校园现状概况

京津冀地区作为我国的"首都经济圈"，普通高校规模在全国占有较大比重。根据教育部统计，截至2020年，京津冀普通高校数量约占全国总数的10%，共有高校273所，其中普通本科院校158所，在校生人数209.43万人，校舍总建筑面积约9452万平方米[14]。京津冀地区作为本书的研究区域，具有很好的代表性。

### 1．京津冀高校创办时间

根据高校官网数据，本书对京津冀地区高校基本信息进行统计。在创办时间上，京津冀地区高校建校时间为1880—2019年之间，其间出现过两个快速增长时期（1950—1959年；2000—2009年）（图2-1）。整体上看，京津冀高校在全国范围内，创办时间相对较早。

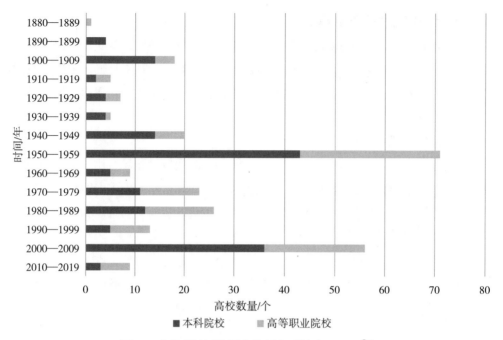

図2-1 京津冀地区普通高校创办时间（267/273[①]）

从建校时间上看，一部分的京津冀高校（约20%）具有历史校园基底（创办于1949年之前），存留着保护性建筑与环境；在我国高等教育发展的起步期，京津冀地区也迎来了建设高峰（1950—1959年），这也是京津冀高校数量增长最为迅速的时期（约占总量的26%）；在稳步发展40年后，京津冀校园迎来了跨越式、提高质量发展期的再次创建高峰（2000—2009年）（约占总量的20%），此时校园的建设开始融入集约、绿色的理念，高校正在逐步探索校园绿色发展的新模式。

**2．京津冀高校类型**

京津冀地区高校类型丰富，涵盖理工、综合、财经、医药、艺术、师范、政法、语言、农林、体育、民族11个类型的高校，其中理工、综合类高校比例较大，分别占整体的14%和11%（图2-2、图2-3）。

**3．京津冀高校分布**

京津冀地区高等教育资源整体较为丰富，但也呈现出位置分布不均的特点。其中北京、天津、石家庄市高等教育资源相对集中，尤其是北京市，高校数量多且本科院校比例相对更高（图2-4）。

---

① 分析口径为273所高校中267所数据分析结果。

■理工 ■综合 ■财经 ■医药 ■艺术 ■师范
■政法 ■语言 ■农林 ■体育 ■民族

图2-2 京津冀地区各类型普通高校
比例（266/273）

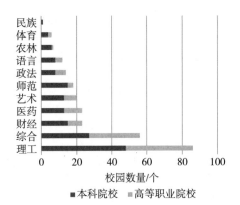

■本科院校 ■高等职业院校

图2-3 京津冀地区各类型普通高校数量
（266/273）

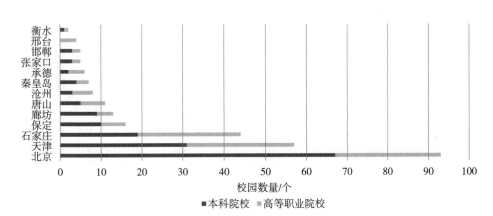

■本科院校 ■高等职业院校

图2-4 京津冀地区各城市普通高校数量

## 4．京津冀高校规模

通过对近200所数据较为完整的高校校园占地面积进行统计，发现京津冀地区高校校园占地面积变化区间很大，占地最小的校园不足10公顷，而占地最大的略超过500公顷（图2-5）。参照既往研究对校园面积的描述[210]，对单个校园的占地面积进行分类（表2-1），可以得出本科院校占地面积在100～200公顷范围内的最多，而职业院校占地面积在25～50公顷范围内最多（图2-6）。

在数据较为完整的高校中，校园面积差距较大，本科院校校园占地面积相对高等职业院校较大。约60%的高校（91/159）有2个

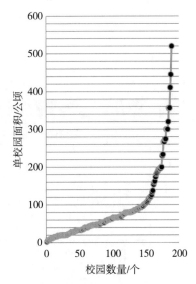

图2-5 高校校园占地面积
（189/273）

高校校园占地面积分类                                    表2-1

| 序号 | 类型名称 | 表示方式 | 单校园面积（S）范围（公顷） |
|---|---|---|---|
| 1 | 极小型校园 | XS | 0＜S≤10 |
| 2 | 小型校园 | S | 10＜S≤25 |
| 3 | 中型校园 | M | 25＜S≤50 |
| 4 | 大型校园 | L | 50＜S≤100 |
| 5 | 加大型校园 | XL | 100＜S≤200 |
| 6 | 超大型校园 | XXL | 200＜S≤500 |
| 7 | 巨型校园 | XXL+ | S＞500 |

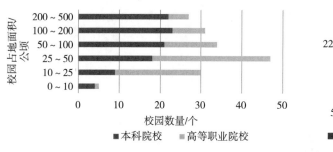

图2-6　高校校园占地面积（189/273）

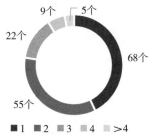

图2-7　高校校园数量（159/273）

及以上的校园，以2个校园居多，部分高校甚至分为了4个以上的校园（图2-7）。可以看出，由于用地紧张，高校多校园运营已经成为一种较为普遍的模式。

### 5. 京津冀高校发展模式

根据校园建设模式的分类[138]，结合本研究统计，高校校园发展模式主要可分为以下几种，详见表2-2。

高校发展模式及其主要特征                                    表2-2

| 序号 | 类型名称 | 主要特征 | 举例 |
|---|---|---|---|
| 1 | 就地扩建 | 在原有校址用地基础上，吸纳周边土地，扩展校园边界 | 清华大学、北京大学 |
| 2 | 原址再开发 | 在原有校址及边界不发生明显改变的基础上，对校园内部进行改造与更新 | 天津大学（卫津路）、南开大学（八里台）、河北工业大学（红桥）、中央民族大学、北京农学院、中国矿业大学（北京）（学院路）、天津外国语大学（马场道）、天津音乐学院、对外经济贸易大学 |
| 3 | 多校区运营 | 有两个及以上位于不同位置的校园，共同承担学校日常教学科研活动 | 天津大学、南开大学、河北工业大学、中央民族大学、中国矿业大学（北京）、天津外国语大学、天津音乐学院 |
| 4 | 搬离另建 | 放弃原有校址，整体搬迁到新校址 | 中央音乐学院、中央美术学院 |

在实际运营中，高校往往是多种模式结合发展。为了平衡自身扩展与土地供应之间的关系，许多校园在城市新区土地供应相对充足、价格相对较低的地块集中规划新校园，一定程度上缓解了高校发展的用地，却也使部分校区过于分散，长距离交通造成资源浪费。

### 6．重点建设的高校

京津冀作为高等教育优质资源比较集中的区域，聚集了一批国家重点建设校园——"985""211"[211]及"双一流"高校[212]。重点高校在资源配置上具有一定优势，也体现在校园建设规模、校舍基础设施等方面。此外，在节约型校园的建设中，京津冀高校也受到较多关注，住房和城乡建设部、教育部和财政部联合批准了多批节约型示范校园，给予专项基金支持，进行节能监管平台建设及节能综合改造[213]，起到积极的推动作用。

以京津冀高校校园作为全国高校的局部重点与切入点，能够反映出高校校园的一些共性特点，如建设基底不同、类型多样、用地紧张、多校区运营等特点。在此基础上，本研究进一步综合分析京津冀高校绿色校园建设的现状。


## 2.2 京津冀高校绿色校园调研对象与方法

### 2.2.1 京津冀高校绿色校园调研对象

根据对京津冀高校校园基本特征的分析，案例选取兼顾重点与普通建设学校、节约型示范校园与普通校园，并尽可能多地考虑以下特点：①发展基底（包含启蒙、探索、发展阶段），②学科类型（理工类、综合类及其他类型），③位置分布（京津冀地区中心城区、边缘城区），④用地规模（小型、中型、大型等），⑤发展模式（扩建、再开发、多校区运营等）。

在综合考虑案例资料的可获取性、充足性等因素基础上，本研究选取15个案例进行进一步分析（表2–3）。

**京津冀代表性高校校园案例基本信息** 表2-3

| 基底 | 学校编号 | 重点建设 | 节约型 | 学科类型 | 位置分布 | 用地规模 | 发展模式 |
|------|---------|---------|--------|---------|---------|---------|---------|
| 启蒙阶段 | 1QH | 双一流<br>985<br>211 | 示范 | 综合 | 北京<br>中心城区 | XXL | 就地扩建 |
| | 2NK | 双一流<br>985<br>211 | 示范 | 综合 | 天津<br>中心城区 | XL | 原址再开发<br>多校区运营 |

| 基底 | 学校编号 | 重点建设 | 节约型 | 学科类型 | 位置分布 | 用地规模 | 发展模式 |
|------|---------|---------|-------|---------|---------|---------|---------|
| 探索阶段 | 3TJ | 双一流 985 211 | 示范 | 理工 | 天津中心城区 | XL | 原址再开发多校区运营 |
| | 4KY | 双一流 211 | 示范 | 理工 | 北京中心城区 | S | 原址再开发多校区运营 |
| | 5MZ | 双一流 985 211 | 示范 | 民族 | 北京中心城区 | M | 原址再开发多校区运营（建设中） |
| | 6HB | 双一流 211 | 示范 | 理工 | 天津中心城区 | XL | 原址再开发多校区运营 |
| | 7NX | 普通 | — | 农林 | 北京近郊 | L | 原址再开发 |
| | 8WY | 普通 | — | 语言 | 天津中心城区 | S | 原址再开发多校区运营 |
| | 9YY | 普通 | — | 艺术 | 天津中心城区 | S | 原址再开发 |
| | 10JM | 双一流 211 | 示范 | 财经 | 北京中心城区 | M | 原址再开发 |
| | 11TY | 普通 | — | 体育 | 河北石家庄中心城区 | M | 原址再开发多校区运营 |
| | 12BD | 普通 | — | 理工 | 河北保定中心城区 | S | 原址再开发 |
| | 13LF | 普通 | — | 师范 | 河北廊坊近郊 | S | 原址再开发多校区运营 |
| 发展阶段 | 14TJ2 | 双一流 985 211 | 示范 | 理工 | 天津近郊 | XXL | 多校区运营 |
| | 15NK2 | 双一流 985 211 | 示范 | 综合 | 天津近郊 | XXL | 多校区运营 |

▉ 表示普通校园。

15个代表性案例的选取基于对校园各方面特点的综合性提炼，选取的案例校园在横向类型特点及纵向时期特点上均具有较好的覆盖性。不同基底的案例在经历多个动态规划与建设时期后达到现在的绿色化水平。

### 2.2.2　京津冀高校绿色校园调研方法

京津冀案例校园调研采用主客观相结合的方法，通过多源数据收集对比分析案例绿色化现状。调研框架的构建从问题导向出发进行梳理（图2-8），包括绿

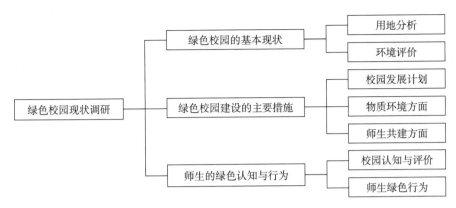

图2-8 高校绿色校园现状调研框架

色校园的基本现状、绿色校园建设的主要措施、师生的绿色认知与行为三个维度。信息收集通过主观（问卷调查、深度访谈）与客观（官网资料查找、地图信息收集）结合的方式，对绿色校园基本建设现状进行概括性描述。

**1. 资料收集**

案例校园基础信息主要来自校园官网、新闻网、相关管理部门发布的文件与报告，面积数据结合校园数据统计、校园地图、百度地图、天地图进行核算，从而较为准确地描述校园现状信息。

**2. 问卷调查**

问卷调研于2019年6月至2019年9月进行，首先以案例3TJ为例进行预调研与问卷测试；测试完成后，以问卷星为平台，通过现场发放问卷二维码的方式在10个案例校园进行"高校绿色校园现状评价"调研（详见附录A），在主要道路进行随机发放，发放数量参照校园学生人数的2%，个别校园采取二次补发（2019年11月进行），力求回收量达到校园在校生人数的1%左右（表2-4）。

京津冀地区10所高校案例问卷调查基本信息　　　　　　　表2-4

| 案例 | 平均单校区在校生人数 | 问卷发放数量 | 问卷回收量占学生人数比例 | 有效问卷数量 | 有效问卷回收率 |
|---|---|---|---|---|---|
| 1QH | 48000 | 300 | 0.2% | 96 | 32.0% |
| 2NK | 13811 | 250 | 0.8% | 107 | 42.8% |
| 3TJ | 17500 | 200 | 0.8% | 143 | 71.5% |
| 4KY | 6500 | 150 | 1.2% | 81 | 54.0% |
| 5MZ | 16000 | 200 | 0.7% | 106 | 53.0% |
| 6HB | 10000 | 200 | 0.9% | 89 | 44.5% |
| 7NX | 8000 | 150 | 0.9% | 75 | 50.0% |

| 案例 | 平均单校区在校生人数 | 问卷发放数量 | 问卷回收量占学生人数比例 | 有效问卷数量 | 有效问卷回收率 |
|---|---|---|---|---|---|
| 8WY | 5500 | 200 | 1.8% | 101 | 50.5% |
| 9YY | 1557 | 100 | 3.1% | 48 | 48.0% |
| 10JM | 16000 | 200 | 0.6% | 94 | 47.0% |

问卷发放1个月后，对回收情况进行统计，绝大部分参与者都较为认真地参与答题，问卷整体有效率较高，少量参与者对非必答的开放性问题作出回应，剔除草率作答问卷后，得到有效问卷940份，平均有效回收率约为50%，单个校园回收率在30%～70%。

进一步对单个校园的有效问卷及整体有效问卷进行信度与效度检验，采用SPSS软件对数据进行分析，通过Cronbach's Alpha指标分别检验单个案例问卷样本与整体问卷样本信度，其检验结果均大于建议参数0.8，表明问卷结果有较好的信度。

对940份有效问卷进行分析（图2-9），参与者男女比例约为1：1.3，其中大部分参与者为本科生（64.6%），其次是硕士研究生（22.7%）、博士研究生

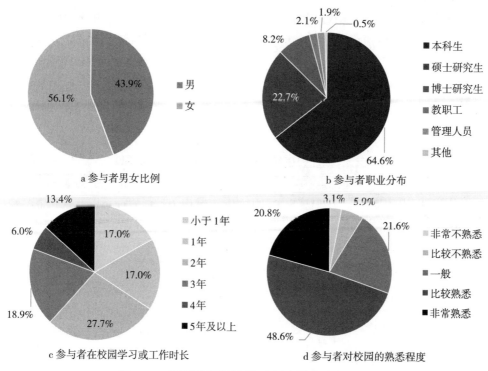

图2-9　10所案例高校校园问卷调查样本基本信息

（8.2%），教职工、管理人员占比相对较少；绝大多数参与者在校园学习或工作的时长超过1年（83.0%），其中，在学校学习两年的参与者最多（27.7%）；在对校园的熟悉程度方面，约50%的参与者对于校园比较熟悉，约20%对于校园非常熟悉，仅有3%的参与者对于校园非常不熟悉。参与者的基本信息、男女比例、工作状态、对于校园熟悉程度等特征比较符合实际情况，问卷参与者有较好的代表性。

## 2.3 京津冀高校绿色校园建设现状问题分析

本节基于案例校园的基础信息的梳理，比较案例校园的基本现状、主要绿色措施、师生的绿色认知与行为，综合、客观地分析绿色校园现状建设问题。

### 2.3.1 校园环境基底差异性大

#### 2.3.1.1 用地分析

**1. 空间形态**

15个案例包含了S（10~25公顷）到XXL（200~500公顷）占地规模的校园，校园规划用地差异性较大，进一步基于校园官网的功能分区图，结合百度地图、天地图进行校准，依据地块精度，绘制用地分析图。在形态上各个校园用地虽然具有较大差异，但整体上均以网格式路网为基底，通过突出轴线、突出中心，或者建筑与景观有机结合的布局方式，协调布局校园的各类功能。

**2. 功能布局**

根据地块的主要功能统计与分析，各个校园用地面积比例差异性较大（图2-10），其中教学科研用地占比平均值约为29%，变化区间为13%~49%，其他各主要类型的用地也存在较大差异。结合师生对校园功能布局合理性评价（0~5分），单个校园评分在2.7~3.5之间，整体均处于一般合理水平。

在用地紧凑的中心城区校园，教学科研占地比例相对较高；根据高校的学科类型，其用地比例也有一定的差异，如体育类院校教学科研主要集中在体育用地。结合相关学者对天津高校用地空间结构的分析，高校类型、区位和建设时期是高校用地结构及均衡度的主要影响因素[214]，但是不均衡的用地结构及滞后的更新速度与方式，不仅限制校园的发展，而且造成部分老校区与城市之间互动性不足、矛盾凸显，新校区规模过大，空间尺度不适宜等问题。

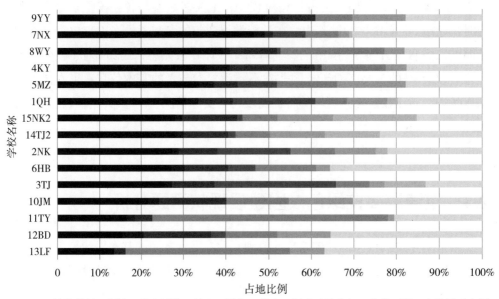

图2-10　京津冀地区15个案例校园主要功能占地面积比例分析
（按照教学科研面积比例从大到小排列）

### 3．校园规模（生均占地面积①与师生感受）

通过"核心校园面积"代替"校园总占地面积"对生均占地面积进行校准，即排除教职工居住用地的占地面积，核心校园的生均占地面积平均值约为54.3米²/生，取值范围为11.1米²/生～170.0米²/生。结合师生评价，当生均占地面积约在15～39米²/生范围内，师生往往感受校园整体空间非常紧凑；当生均占地面积约在40～73米²/生范围内，师生感受为比较或者中等紧凑（表2-5）。

京津冀地区15个案例校园用地基本信息　　表2-5

| 案例 | 生均占地面积（校园总占地面积）（米²/生） | 教职工居住区占地比例 | 生均占地面积（核心校园面积）（米²/生） | 校园规模对于个人空间感受（平均数） |
|---|---|---|---|---|
| 15NK2 | 172.3 | 1% | 170.0 | — |
| 14TJ2 | 127.7 | 2% | 125.5 | — |
| 11TY | 95.4 | 0 | 95.4 | — |
| 2NK | 79.4 | 8% | 73.4 | 2.4（比较紧凑） |
| 7NX | 85.2 | 17% | 70.7 | 3.2（中等） |

---

①　学生平均占地面积。

| 案例 | 生均占地面积<br>（校园总占地面积）<br>（米²/生） | 教职工居住区<br>占地比例 | 生均占地面积<br>（核心校园面积）<br>（米²/生） | 校园规模对于<br>个人空间感受<br>（平均数） |
|---|---|---|---|---|
| 3TJ | 71.4 | 29% | 51.1 | 2.3（比较紧凑） |
| 1QH | 59.3 | 19% | 47.9 | 3.2（中等） |
| 6HB | 41.5 | 6% | 39.0 | 2.1（非常紧凑） |
| 9YY | 28.7 | 0 | 28.7 | |
| 4KY | 28.2 | 2% | 27.8 | 1.6~1.7<br>（非常紧凑） |
| 8WY | 25.4 | 1% | 25.2 | |
| 10JM | 21.6 | 0 | 21.6 | |
| 5MZ | 16.5 | 9% | 14.9 | |
| 12BD | 13.3 | 4% | 12.9 | — |
| 13LF | 11.1 | 0 | 11.1 | — |

▨ 表示教职工居住区占地比例较高的案例。

整体上看，随着生均占地面积减小，师生也会感受到空间更加紧凑，但在案例7NX和1QH中，师生对空间的紧凑程度感受相对其他案例较好，它们在室外环境评价的得分也较高。因此，在有限的用地条件下，良好的室外环境有助于提升师生对于空间规模的满意度。

### 4．校园交通

约90%以上参与者住在校内宿舍；在校园与城市交通连接方面，师生对周边公共交通配置处于中等及较为满意水平；对于位置相对偏远的新校区，大部分也配置公共交通路线或者校车，但交通距离大、时间长等问题依然无法避免。相比之下，多校区交通满意程度略低于校园与周边交通满意度（图2-11）。

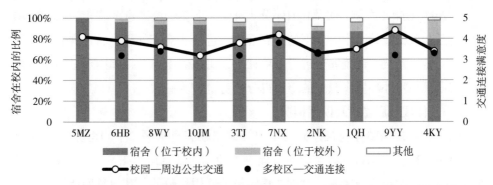

图2-11　案例校园宿舍所处位置、校园—周边公共交通、多校区—交通连接满意度对比
（按照宿舍在校内比例从大到小排列）

## 5.对校园规划以下方面的看法

对案例校园的规划提出以下四项优化设想，师生评价体现一些共性需求。

### 1）增加校园内部服务功能

几乎所有案例校园的师生对此项较为赞同（平均得分4.2，评分区间3.8~4.5）。校园作为独立的整体性园区，如果周边城市功能未能对校园作出较好补充，那么校园应为师生提供更加完善、多样化的服务保障。

### 2）规划慢行道路

参与者对此项也较为赞同（平均得分4.0，评分区间3.5~4.5）。校园慢行交通的安全性、便捷性、舒适性下降，机动车流线、停车布局、流量密集处流线设计等影响校园慢行环境的主要因素应引起更多的重视。例如，案例12TJ对慢行道路进行整体规划，形成分层交通系统；案例3TJ为人车混行交通系统，仅有路径为纯慢行道路，慢行环境仍有较大提升空间。

对于校园内外部边界、内部连通性问题，参与者的看法具有一定差异性。

### 3）增加校园边界开放性

大部分高校参与者比较不赞同此选项（评分区间2.6~2.7），个别比较赞同（评分区间3.4~3.8）。增加校园边界开放性有助于校园与城市之间的资源共享。而不增加开放性，主要是出于校园安全、资源不受占用、易于管理等考虑。

### 4）加强校园内部交通连通性

此项指校园内过分细分、围合，如宿舍区、教师住宅区、附属单位等呈现一种封闭式状态，阻断校园内部局部通行的情况。参与者对于增加连通性并没有强烈需求，处于一般程度（平均得分3.3，评分区间2.9~3.5）。

## 2.3.1.2　环境评价

### 1.室外环境满意度

参与者对于大部分校园的评分处于中等偏比较满意水平（平均得分3.5，评分区间2.9~4.1），案例7NX及1QH评分大于4，处于比较满意的程度，案例6HB整体满意度最低，处于中等偏下的满意程度。进一步对室外环境的景观品质、活动空间、慢行系统、环境安全进行分项评分，可以看出单一校园四个分项评分相关性较强，与室外环境满意度的整体得分趋势也较为一致。

### 2.整体建筑满意度及使用情况

绝大多数校园整体建筑评分处于中等偏比较满意水平（平均得分3.6，评分区间2.9~4.2）。根据校园各类建筑每周平均使用时长调研（图2-12），参与者对图书馆的使用时长普遍较高，对于体育建筑的使用均较低，其他类型使用情况整体处于中等水平，师生对于建筑满意程度与使用时长有一定相关性。

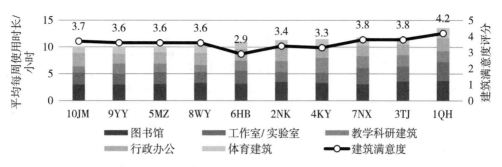

图2-12　案例校园建筑整体满意程度与主要功能建筑每周平均使用时长
（按照使用时长从小到大排列）

## 2.3.2　绿色措施运用程度不一

本小节通过对绿色校园整体发展计划、物质环境及师生共建三方面的主要措施进行梳理与分析，深入比较绿色校园建设措施运用情况与共性问题。

### 2.3.2.1　整体发展计划

#### 1．绿色校园发展目标

根据校园官网、规划文件提炼案例"绿色校园相关发展目标"（表2-6）。"节约型""环境友好型""绿色"是很多校园的共同目标。

案例的绿色校园发展目标比较　　　　　　　　　　　　　　　表2-6

| 案例 | 绿色校园发展目标（关键词） |
| --- | --- |
| 1QH | 绿色校园，节约型、环境友好型校园 |
| 2NK | "一校三区"运行高效顺畅、集约、共享 |
| 3TJ | 平安校园、和谐校园、舒适校园、温馨校园、校园环境提升 |
| 4KY | 数字化校园，现代化、生态化、园林化校园 |
| 5MZ | 节约型校园 |
| 6HB | 平安校园、绿色校园、数字校园、美丽校园 |
| 7NX | 花园式校园、文明校园、节约型校园 |
| 8WY | 绿色环保、节约型校园 |
| 9YY | 美丽校园、智慧校园、绿色校园、节约型校园、平安校园 |
| 10JM | 节约型校园、绿色低碳大学、无烟校园、平安校园 |
| 11TY | 智慧校园 |
| 12BD | 美化绿化 |
| 13LF | 温馨校园、伶俐校园、艺术校园、节约校园、平安校园 |

| 案例 | 绿色校园发展目标（关键词） |
|------|------------------------|
| 14TJ2 | 绿色校园、智慧校园、平安校园、温馨校园 |
| 15NK2 | 绿色校园、节约型校园、低碳校园 |

整体看来，案例校园的绿色发展目标可以分为三个层级。

1）校园环境提升

一些校园目标设定以解决高校物质环境发展亟须的问题为主（用地紧凑、基础设施陈旧），突出环境品质提升，并结合实际情况提出如校园绿化提升、多校区协同运营、联合办学等具体方案；通过集约、共享的方式发展。

2）节约型校园、绿色校园

一些校园致力于建设绿色、节能型校园，通过建立能源监测平台、推进各类改造更新项目，提升校园基础设施性能，探索节能方式与模式。

3）智慧绿色校园

对基础设施改造与更新已经取得一定进展的校园，绿色、智慧校园等理念也体现在校园建设目标中，如通过智能化管理系统提高管理效率、提升资源使用率，并配合激励制度、市场参与合作模式发挥其效用。

**2．组织机构**

1）基础性组织机构

案例校园通过设置相关管理机构管理绿色校园日常运营，一般情况下由后勤保障部、基建处等部门相互配合。

2）专门性组织机构

在基础性组织机构的基础上，一些高校结合自身学科优势组建了绿色校园专门的管理或咨询机构，如绿色校园办公室、节能办公室、节能指导委员会等；一些校园通过建立学生组织，如绿色协会、环保协会、志愿者组织等进一步发挥学生自主性。

3）参与国内外组织联盟

少数案例校园通过加入国内的绿色校园设计联盟、开展研讨会等方式进一步交流绿色校园建设的经验。

**3．资金筹措**

根据校园官方资料，高校绿色校园资金筹措主要分为两类途径（表2-7）。

1）专项资金

对于节约型示范校园，以及部分获得主管部门专项资金支持的校园，绿色校园建设工作的启动相对容易。

案例校园绿色校园资金筹措方式比较 表2-7

| 学校编号 | 节约型 | 获得专项资金支持 | 其他资金筹措方式 |
|---|---|---|---|
| 1QH | 示范 | 是 | 合同能源管理 |
| 2NK | 示范 | 是 | — |
| 3TJ | 示范 | 是 | 合同能源管理 |
| 4KY | 示范 | 是 | — |
| 5MZ | 示范 | 是 | — |
| 6HB | 示范 | 是 | — |
| 7NX | — | — | 成立大学生碳汇基金 |
| 8WY | — | 是 | 争取政府专项资金<br>拓宽融资渠道<br>引进社会资源 |
| 9YY | — | — | — |
| 10JM | 示范 | 是 | — |
| 11TY | — | — | 积极争取专项资金<br>与银行合作共建智慧校园 |
| 12BD | — | — | — |
| 13LF | — | — | — |
| 14TJ2 | 示范 | 是 | 合同能源管理 |
| 15NK2 | 示范 | 是 | — |

▨ 表示普通校园。

### 2）自筹与融资

在专项资金补充之外，高校仍积极寻求多种方式的合作以支持绿色校园建设的持续进行，如签署合同能源管理协议、建立校企合作、成立基金会等方式。

大部分案例的绿色校园建设以专项资金支持为主，对于持续建设支持性仍不足，往往会产生短期内的建设热潮及长期动力不足的情况。对于普通校园，部分案例通过多渠道的合作共建方式取得一定成果，可进一步探索与推广，最终形成多种资金筹措方式并存的发展模式。

通过对案例校园发展计划的目标设定、管理机构、资金筹措的概括性分析，可以得出绝大多数案例校园均设置绿色、节约的发展目标，但具体的管理机构设置与资金筹措方式差异性仍然较大，往往对实际建设效果产生较大的影响。

## 2.3.2.2 物质环境措施

案例校园在响应节约型校园、绿色校园建设的过程中，采取一系列不同实施深度与应用范围的措施，在此笔者通过对15个案例校园官方数据的收集与分析，归纳出其在提升绿色校园物质环境层面的12条主要措施（表2-8）。

案例的绿色校园物质环境建设的主要措施　　　表2-8

| 学校编号 | 物质环境主要措施 | | | | | | | | | | | |
|---|---|---|---|---|---|---|---|---|---|---|---|---|
| | 1 | 2 | 3 | 4 | 5 | 6 | 7 | 8 | 9 | 10 | 11 | 12 |
| | 绿化美化 | 用能设备改造 | 能耗监测系统 | 管理体系制度 | 信息化设施 | 可再生能源 | 雨水回收 | 海绵校园 | 废弃物回收 | 绿色交通 | 绿色建筑 | 资源预约管理 |
| 1QH | ● | ○ | ● | ● | ● | ● | ● | ○ | ● | ● | ● | ○ |
| 2NK | — | ● | ● | ● | ● | ● | ● | — | — | — | ● | ● |
| 3TJ | | ● | ● | ● | ● | ● | ● | ● | | | | |
| 4KY | — | ● | ● | ● | ● | — | — | — | ● | | ● | — |
| 5MZ | — | ● | ● | ● | ● | | | | | | ● | |
| 6HB | ● | ● | ● | ● | | | | | | | | |
| 7NX | | ● | ● | ● | | | | | | | | |
| 8WY | ● | | | | | ● | | | | | | |
| 9YY | | | | | | | | | | ● | | |
| 10JM | — | ● | ● | ● | ● | | | | | | | |
| 11TY | ● | ● | ● | | ● | ○ | | | | | | |
| 12BD | ● | | | | | | | | | | | |
| 13LF | ● | — | — | ● | | | | | | | | |
| 14TJ2 | ● | ● | ● | ● | ● | ● | ● | ● | — | ● | ● | — |
| 15NK2 | ● | ● | ● | ● | ● | ● | ● | ● | ● | ● | ● | ● |

●经过长期建设发展非常充分、产生实质性效果；○有一定发展，局部取得一定效果。

　　校园官网信息虽然不能完全涵盖所有措施，但可以梳理出案例现阶段绿色校园建设的亮点与重点，并可大致分为以下三种状态。

### 1. 绿色校园建设进展相对较为深入

　　部分案例运用措施种类多，几乎包含了所有主要措施，在绿色校园建设的多个方面取得实质性效果。

### 2. 绿色校园建设进展处于中等程度

　　部分案例在建设完成能耗监测系统的基础上，运用部分其他措施，进展处于中等程度，仍有较大的发展空间。

### 3. 绿色校园建设进展处于起步程度

　　部分案例仅聚焦于环境美化提升、功能完善等基础性措施，处于起步水平。

整体看来，案例在绿色校园物质环境建设的主要措施的采用与实施方面差距较大，进展的广度与深度各不相同，仍有很大的发展与提升空间。

### 2.3.2.3　师生共建措施

在师生共建方面，案例校园主要采用以下12条措施（表2-9），各校园对于措施的选取与应用程度有所不同，但自主学习平台、竞赛比赛、专家探讨几项措施应用均较少。

案例的绿色校园师生共建的主要措施　　　　　　　表2-9

| 学校编号 | 师生共建的主要措施 | | | | | | | | | | | |
|---|---|---|---|---|---|---|---|---|---|---|---|---|
| | 1 绿色倡议 | 2 绿色课程 | 3 学术活动 | 4 自主学习平台 | 5 绿色科研与成果 | 6 科研机构与合作 | 7 绿色组织与协会 | 8 实践活动 | 9 意见收集反馈 | 10 竞赛比赛 | 11 专家探讨 | 12 公共政策与服务 |
| 1QH | — | ● | ● | ● | ● | ● | ● | — | ○ | ● | ● | ● |
| 2NK | — | ● | ● | ● | ● | ● | ● | ● | ○ | ● | ● | ● |
| 3TJ | — | ● | ● | ● | — | ● | ● | ● | ● | — | — | — |
| 4KY | — | — | — | ● | ● | ● | — | ● | — | ● | — | ● |
| 5MZ | — | — | ● | ● | ● | — | — | ● | — | — | — | ● |
| 6HB | — | ● | ● | — | ● | — | — | ● | — | — | — | ● |
| 7NX | — | ● | ● | — | — | — | ● | ● | ○ | — | — | ● |
| 8WY | ● | — | — | — | — | — | — | ● | ○ | — | — | — |
| 9YY | ● | — | ● | — | ○ | — | — | ● | — | — | — | — |
| 10JM | — | — | ● | ● | ● | — | — | ● | — | — | — | ● |
| 11TY | ● | — | ● | — | — | — | ● | ● | — | — | — | ● |
| 12BD | — | — | ● | — | — | — | — | ● | ● | — | — | ● |
| 13LF | ● | — | ● | — | ● | ● | — | — | — | — | — | ○ |
| 14TJ2 | — | ● | ● | ● | ● | — | — | ● | — | — | ● | — |
| 15NK2 | — | — | ● | ● | ● | ● | ● | — | ○ | — | — | ● |

●经过长期建设发展非常充分、产生实质性效果；○有一定发展，局部取得一定效果。

案例校园在师生共建方面或多或少采取一些措施，在短期内取得一定的宣传与教育效果；少部分校园采取多样化、长期性的措施，产生引领作用，而大部分校园仍有较大的提升空间。

### 2.3.3　师生绿色行为的参与度低

本小节通过问卷分析，对案例校园整体与个案的师生绿色校园认知与绿色行为进行比较，从而从不同主体的角度进行多源数据对比。

#### 2.3.3.1　校园运营认知

**1. 绿色校园概念的认知**

从整体来看，大部分参与者对绿色校园概念有基础性的认知，处于稍有了解（约38%）及有基础性了解（40%）的程度。从个案来看，各高校参与者对于绿色校园概念了解程度相近（平均得分区间2.1 ~ 2.6）（图2-13）。

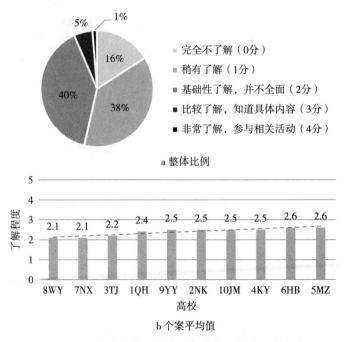

a 整体比例

b 个案平均值

图2-13　案例校园师生对绿色校园概念了解程度

**2. 绿色校园管理的认知**

从师生对绿色校园管理的认知程度进行比较，整体上师生对"绿色校园问题反馈途径"的了解程度最高（肯定回答的百分比区间39% ~ 67%，平均占比为50%），远高于其他三项。师生对于绿色校园管理的认知不充分，仅少数案例（7NX，5MZ）在四项认知评价中显得较为均衡。

整体看来，师生对于绿色校园管理的认知较为有限。一方面，可能由于学校宣传尚不充分，另一方面，学生了解与参与的主动性有待提高。实际上，绝大多数校园都设置相关管理机构、节能节水管理条例，但尚未引起参与者足够的关注。师生反馈数据的公开频率与程度较低，不利于对校园真实状态的了解，也未能激发师生共建绿色校园的潜能。

**3.绿色校园基本措施的认知**

各个校园参与者对5种常见的基本措施的了解程度不太一致；其中对可持续能源的使用了解最少，大量参与者表示不清楚（比例为30%~70%）；对废弃物分类处理了解程度相对略高（选择"是"，平均值为36%）；相比较而言，参与者对节水设备、避灾场所、智能化措施了解程度较高。

整体而言，大部分师生对于"校园绿色措施"的了解与认知程度仍然不充分。一方面由于部分绿色校园建设措施具有一定的隐蔽性，例如可再生能源的利用设备、节水设备等，导致师生的认知与体验不足，故选择"不清楚"的比例较高；另一方面由于相关信息宣传不足，未能使绿色措施与师生日常生活产生充分的联系，导致师生对措施的认识与重视程度不足。

## 2.3.3.2 师生绿色行为

在绿色行为方面，各个案例校园参与者表现出类似趋势（图2-14），在调研的7种常见的绿色行为中，参与者对节能节水行为参与度较高（80%~95%），且远高于其他方式；约40%~60%的参与者进行过废弃物回收与再利用、使用再生物品、使用低能耗电器；约20%~40%参与过绿色校园相关课程，而绿色相关组织参与程度最低，仅约9%~36%。相对于高校为师生提供的参与机会与资源，师生绿色参与程度与方式较为局限，仍有很大的提升空间。

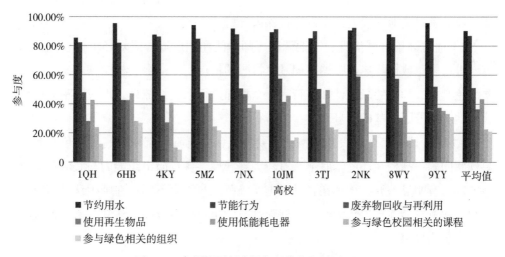

图2-14 案例校园师生绿色行为参与情况

### 2.3.4　绿色校园建设现状问题总结

通过对15个代表性校园案例的深入分析，本小节概括性提炼京津冀高校绿色校园建设现状的主要问题。

案例校园环境基底差异性较大，体现在空间形态、功能布局、用地规模方面。师生对于校园环境评价整体处于中等及以上满意程度，在规划布局、环境品质方面仍有很大提升空间。不同案例对增加校内服务功能、规划慢行路径均有较强烈的需求，需根据个案校园具体特征进行针对性优化提升。

案例绿色校园建设措施实施程度不一。虽然案例校园几乎均设置绿色校园相关发展目标，但组织能力与获取资金支持力度有明显差异，也体现在绿色校园建设措施实施进度与程度方面；对于绿色措施应用往往依赖于政策推动与专项资金支持，对于长期性措施实施显得动力不足。

案例校园师生绿色认知与行为仍不充分。大约半数参与者对许多绿色措施处于"不清楚"状态；各个校园参与者对绿色行为参与方式与程度均较为局限。

## 2.4　本章小结

本章根据高校的主要特征遴选出15个代表性校园进行案例研究，基于问题导向归纳京津冀高校绿色校园的建设现状。

1）简要概括我国高等教育与校园的发展阶段，将绿色校园的建设基底分为启蒙阶段、探索阶段与发展阶段；从158所普通本科院校中遴选出15个校园案例，选取的案例在纵向包含三类绿色校园建设基底，在横向尽量涵盖较多校园特征，作为京津冀地区代表性案例进行深入分析。

2）通过高校官网信息、实地调研、师生问卷调研等方式对15个代表性案例校园进行多源数据收集，归纳不同基底校园的特点，并从绿色校园基本现状、主要绿色措施、师生的绿色认知与行为三个方面进行系统性梳理，形成完整的15个代表性案例校园的基础信息表。

3）综合比较15个代表性案例的主要特点，分析归纳京津冀高校绿色校园主要现状问题：高校在环境基底上具有较大差异性，各校园组织能力与获取资金支持的能力有明显差异，体现在各项措施实施范围与深度不同；在师生认知与行为方面，案例校园体现出较为一致的缺乏性，师生对绿色校园的认知、参与方式与程度均较为局限。

第 3 章

基于目标导向的国内
外高校绿色校园评价
体系比较

随着绿色、可持续发展理念在高校的传播，越来越多的国家和地区制定、改编或更新高校绿色校园评价体系，以指导当地绿色校园的发展与实践。根据评价体系的应用范围，高校绿色校园评价体系可分为两类：全球型评价体系与区域型评价体系。

本章通过系统性文献综述分析并筛选国外全球型、区域型14个典型性的评价体系，国内以《绿色校园评价标准》GB/T 51356—2019（英文为Assessment Standard for Green Campus，简称《绿色校园2019》，为方便国内外体系比较，也称为"中国ASGC"）为主要分析对象。首先分别解析每个评价体系的基本信息，然后基于目标导向，综合对比15个评价体系的主要特征，通过对基本信息、权重分布、评价内容的分级深入比较，梳理评价体系主要特征与应用阶段之间的关系，分析其发展规律与适用性，从而为制定我国高校绿色校园评价体系提供发展方向与组成元素。

# 3.1　国外典型性高校绿色校园评价体系的筛选与类型提炼

## 3.1.1　国外典型性高校绿色校园评价体系的筛选

### 3.1.1.1　系统性文献综述分析

首先，本研究采用系统性文献综述研究方法（Systematic literature reviews），通过对研究对象筛选原则与流程的结构化报告[215]，科学、系统地进行文献查找，筛选目标是"比较分析绿色校园评价体系"的期刊文章；再基于其中分析的既有评价体系，遴选出典型性的、对我国评价体系构建具有较强参考意义的体系。

本研究以国外Scopus和Web of Science数据库为基础，关注对绿色校园评价体系进行比较分析的文章，对篇名、摘要、关键词进行搜索，并限定文章类型为"期刊文章"，语言为"英文"，引用次数"≥1"，搜索关键词：TITLE–ABS–KEY（"sustainability" or "sustainable development"）AND TITLE–ABS–KEY（"higher education institutions" or "university" or "campus"）AND TITLE–ABS–KEY（"assessment" or "reporting" or "benchmarking"）。

接下来，对于搜索到的2411篇原始文献按照筛选条件与流程进行层层筛选（表3–1，图3–1）。

文献筛选——比较分析绿色校园评价体系的文章　　　　　　　表3-1

| 筛选内容 | 包含条件 | 筛除条件 |
|---|---|---|
| 文章篇名摘要 | 高校绿色、可持续发展相关的研究主题 | 高校绿色、可持续发展无关的研究主题（比如研究对象为中小学、公司等） |
| | 高校绿色、可持续发展相关的研究主题（关注高校整体） | 关注高校局部的绿色、可持续发展（比如只关注校园建筑、交通、教育等某一个方面） |
| 全文 | 对评价体系进行比较分析，并且至少包含3个评价体系 | — |

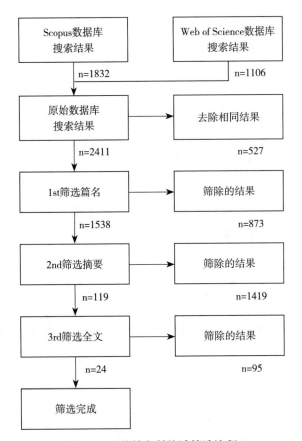

图3-1　系统性文献综述筛选流程

筛选后得到符合条件的期刊文章24篇。在此基础上，通过共引文献，以及筛查到搜索数据库以外的3篇引用率较高并且包含不同评价体系的文献，最终共筛选出27篇期刊文章作为分析依据。

### 3.1.1.2 典型性评价体系筛选

通过对27篇最具有相关性文献进行分析，共提炼出73个不同的高校绿色校园评价体系。这些评价体系来源于多个国家与地区，首次发布时间为1993—2016年，为本研究提供了较为充分的评价体系基础资料库。然后进一步筛选出具有可获取性、覆盖性，运用于绿色校园发展初级、成熟阶段的各个国家和地区的典型评价体系，通过以下筛选条件（表3-2），筛选出14个国外典型性评价体系（表3-3）。

高校绿色校园典型性评价体系筛选条件 表3-2

| 条件 | 具体描述 | 筛选结果（个）（共73） |
|---|---|---|
| 可获取性 | 主要内容在出版物、官网上可获取 | 55 |
| | 主要内容为中文或者英文 | 47 |
| 使用状态 | 该评价体系仍在使用中 | 33 |
| | 有使用者反馈，或者案例应用结果 | 28 |
| 内容 | 为高校而设计 | 23 |
| | 具有较为完整的框架，至少包括环境、管理、教育方面 | 16 |
| 典型性 | 对于相似背景或者使用相同数据库的体系，较少使用的被筛除 | 14 |

国外典型性高校绿色校园评价体系（按照缩写首字母排序） 表3-3

| 序号 | 缩写 | 主要起源地 | 最新版发布时间（年） | 名称 |
|---|---|---|---|---|
| 1 | AISHE | 荷兰 | 2009 | 高等教育可持续发展评价工具（Assessment Instrument for Sustainability in Higher Education） |
| 2 | AMAS | 智利 | 2014 | 高等教育可持续性评价的适应性模型（Adaptable Model for Assessing Sustainability in Higher Education） |
| 3 | ASSC | 日本 | 2013 | 可持续校园评价体系（Sustainable Campus Assessment System） |
| 4 | CSAF Core | 加拿大 | 2009 | 校园可持续性评估框架核心体系（Campus Sustainability Assessment Framework Core） |
| 5 | GASU | — | 2011 | 高校可持续发展图形化评价体系（Graphical Assessment of Sustainability in University） |
| 6 | GM | 印尼 | 2019 | 世界绿能大学评比（Green Metric World University Rankings） |
| 7 | P&P | 英国 | 2019 | 人与地球绿色联盟（People & Planet Green League） |

| 序号 | 缩写 | 主要起源地 | 最新版发布时间（年） | 名称 |
|---|---|---|---|---|
| 8 | PSI | 美国 | 2011 | 太平洋可持续发展指数<br>（Pacific Sustainability Index） |
| 9 | SAQ | — | 2009 | 可持续发展评估问卷<br>（Sustainability Assessment Questionnaire） |
| 10 | STARS | 美国 | 2019 | 高校可持续发展跟踪评价体系<br>（Sustainability Tracking, Assessment and Rating System for Colleges and Universities） |
| 11 | SUM | — | 2006 | 可持续校园模型（Sustainable University Model） |
| 12 | SusHEI | 葡萄牙 | 2013 | 高校可持续发展体系<br>（Sustainability in Higher Education Institution） |
| 13 | Toolkit | — | 2013 | 绿色校园工具包<br>（Greening Universities Toolkit） |
| 14 | USAT | 非洲 | 2009 | 基于单位的可持续性评估工具<br>（Unit-based Sustainability Assessment Tool） |

注：GASU、SAQ、SUM、Toolkit基于全球性报告或由多国专家共同主导编制，在此不做地域区分。

## 3.1.2 国外典型性高校绿色校园评价体系的类型提炼

随着高校绿色校园的建设逐步受到重视，大量评价体系衍生而出。一方面，许多研究与实践致力于编制全球型评价体系[216][217]，力求为绿色校园评价提供统一的全球性框架与标准。虽然许多研究分析并提炼了全球型评价的基本框架与要点，但在实践中，这类评价体系大多应用于其发源的国家与地区[218]。

另一方面，许多学者致力于研究区域型评价体系，对于大量仍处于绿色发展初级阶段的校园，由于评价数据不足，尚不能完整地应用全球型评价体系；另外，全球型评价体系往往忽略区域型校园的重要特点。因此，区域型评价体系的构建仍非常必要，可为特定区域校园提供具有针对性、适应性的评价。

### 3.1.2.1 评价体系背景与应用

评价体系根据其设计背景与应用区域可分为两类——全球型与区域型（表3-4）。这两种类型的体系之间没有严格的界限，两者之间可以互相转换，本研究根据评价体系主要的使用区域与实际使用情况综合考虑分类，有助于了解、归纳评价体系的特性。

#### 1. 全球型评价体系

这类评价体系旨在对世界范围内高校校园的绿色、可持续发展现状进行评价，力求以相对统一的、体现绿色校园核心价值的评价指标衡量校园发展状态。

这类评价体系往往在设计时即考虑其普适性，例如SAQ、GM、STARS的评价对象是全球校园，并且也应用于相当数量的国家与地区的校园。AISHE 2.0在发展过程中，通过不断融合国际经验，逐步转化为国际型评价体系。

**2．区域型评价体系**

这类评价体系的设计更具有针对性，考虑区域高校的特点并主要应用于其研发的区域。区域型评价体系在体现绿色校园核心内容的基础上，加入与当地校园特点相关的个性化指标，以便于更好地契合区域校园评价需求。例如AMAS、P&P、PSI、SusHEI、USAT、ASGC等都是主要面向特定国家或区域研发的评价体系。

15个典型性评价体系的背景与应用           表3-4

| 序号 | 缩写（发布时间） | 背景 | 评价目的 | 阶段 |
|---|---|---|---|---|
| 1 | AISHE（2009年） | 全球型[1] | 策略制定 | 初级与成熟阶段[1] |
| 2 | AMAS（2014年） | 区域型（智利） | 确定整体情况 | 初级阶段 |
| 3 | ASSC（2013年） | 区域型[1]（日本） | 基准线评级/策略制定/传播工具 | 成熟阶段[1] |
| 4 | CSAF Core（2009年） | 区域型[1]（最初为加拿大设计） | 基准线评级 | 初级阶段[1] |
| 5 | GASU（2011年） | 全球型[1] | 基准线评级 | 成熟阶段[1] |
| 6 | GM（2019年） | 全球型 | 排名 | 初级与成熟阶段[1] |
| 7 | P&P（2019年） | 区域型（英国） | 排名 | 成熟阶段[1] |
| 8 | PSI（2011年） | 区域型（美国） | 基准线评级 | 成熟阶段[1] |
| 9 | SAQ（2009年） | 全球型 | 引起意识 | 初级阶段 |
| 10 | STARS（2019年） | 全球型 | 基准线评级 | 成熟阶段 |
| 11 | SUM（2006年） | 全球型[1] | 策略制定 | 初级阶段 |
| 12 | SusHEI（2013年） | 区域型[1]（葡萄牙） | 确定整体情况 | 初级阶段[1] |
| 13 | Toolkit（2013年） | 全球型[1] | 策略制定 | 初级与成熟阶段[1] |
| 14 | USAT（2009年） | 区域型（非洲） | 确定整体情况/基准线评级 | 初级阶段 |
| 15 | ASGC（2019年） | 区域型（中国） | 基准线评级 | 初级阶段 |

[1]表示作者根据评价体系导则与介绍推断其所处的阶段。

## 3.1.2.2 评价目的与发展阶段

高校绿色校园评价体系的设计往往基于多种评价目的，也应用于处于不同发展阶段的绿色校园。一般而言，相关研究与实践将绿色校园的发展分为初级和成熟两个主要阶段。根据对典型评价体系的分析，可以归纳出以下6种主要评价目的，并按照其应用阶段进行排列（图3-2）。

| 初级阶段 | | 成熟阶段 |
|---|---|---|

**绿色校园排名**

· GM（6）全球型

引起利益相关者对可持续发展关注

　　　　　　　　　　　　· P&P（7）区域型

　　　　　　　　　　　　高校承担绿色责任

**引起绿色意识**

· SAQ（9）全球型

现状简要快速认知

**确定整体情况**

· AMAS（2）区域型

全国校园整体性比较

· SusHEI（12）区域型

确定校园的特点

· USAT（14）区域型

确定校园整体情况

**制定发展策略**

· SUM（11）全球型

提供策略管理流程

· AISHE（1）全球型

制定发展策略

· Toolkit（13）全球型

提供策略帮助校园转变得更具有可持续性

　　　　　　　　　　　　· ASSC（3）区域型

　　　　　　　　　　　　发掘指导性策略

**绿色校园评级**

· USAT（14）区域型

· ASGC（15）区域型

　　　　　　　　　　　　· GASU（5）全球型

　　　　　　　　　　　　· STARS（10）全球型

　　　　　　　　　　　　· CSAF Core（4）区域型

　　　　　　　　　　　　· PSI（8）区域型

　　　　　　　　　　　　· ASSC（3）区域型

**传播绿色成果**

　　　　　　　　　　　　· ASSC（3）区域型

　　　　　　　　　　　　向社会传播成果

图3-2　国内外典型性评价体系的主要目的与应用阶段

### 1．绿色校园排名（Ranking）

这类评价体系往往兼顾处于绿色校园发展初级和成熟阶段的高校，排名体系鼓励高校参加评价，并通过排名推动高校承担可持续发展的责任。例如，GM是面向全球校园的绿色大学排名体系，P&P是针对英国大学的排名体系。

### 2．引起绿色意识（Raising Consciousness）

这类评价体系主要应用于处于绿色校园发展初级阶段的高校，其目的是引发高校对可持续发展的思考，引起高校建设绿色校园的意识。例如，SAQ提供了简洁、重点突出、定性的评价指标体系。

### 3．确定整体情况（Identifying the Overall Picture）

这类评价体系主要应用于处于绿色校园发展初级阶段的高校，可以表征、比较和确定单个校园的绿色化现状（例如AMAS、SusHEI），或者通过评价逐步确定区域校园（例如USAT）的整体性绿色、可持续发展现状。

### 4．制定发展策略（Managing Strategy）

这类评价体系适用于处于绿色发展初级和（或）成熟阶段的高校。策略型体系通过对管理策略制定流程的指导，帮助高校激活并实现自身的绿色发展目标。例如SUM、AISHE和Toolkit主要面向绿色校园发展初级阶段的高校，而ASSC则应用于处于较为成熟发展阶段的绿色校园，通过评价帮助高校进行策略筛选。

### 5．绿色校园评级（Rating）

这类评级体系多适用于处于绿色校园成熟发展阶段的高校，其主要目的是建立绿色校园比较的基准线，便于进行校园之间的比较。例如GASU、STARS、CSAF Core、PSI和ASSC适用于绿色校园成熟阶段，而USAT和ASGC则更加适用于绿色校园初级阶段。

### 6．传播绿色成果（Transmissing）

这类评价体系适用于成熟阶段的绿色校园，可作为高校共享可持续发展经验的平台。例如，ASSC的应用旨在帮助校园发掘绿色校园建设的经验与具体措施，是校园内外经验的交流平台。

# 3.2 国外典型性高校绿色校园评价体系解析

## 3.2.1 绿色校园排名体系（Ranking）

### 3.2.1.1 世界绿能大学评比GM

世界绿能大学评比（Green Metric World University Rankings，缩写GM[219]）

以下简称"印尼GM"，是影响力较大、参与高校最多的国际化入门级评价体系（表3-5，完整的框架见附录B1表B1-1）。

世界绿能大学评比GM的基本信息                          表3-5

| 涉及方面 | 主要内容 |
|---|---|
| 背景与发展 | 2010年由印度尼西亚大学提出，经过多次更新，最新版为2021版，通过每年组织一次评价，意图建立全球的高校绿色、可持续发展排名，并促进高校之间信息共享 |
| 评价目的 | 排名体系，旨在为全球校园提供统一的评价基准，其设计目的在于引起高校校园管理者的意识，从而在政策和行动上推进可持续校园发展 |
| 实践应用 | 2020年，全球84个国家的912所校园参与评价[22]；参评者涵盖来自发达国家和发展中国家、处于初级及成熟阶段的绿色校园 |
| 指标与权重 | 分为两级层级，一级指标由6个部分组成：设置与基础设施、能源与气候变化、废弃物、水资源、交通、教育；能源与气候变化维度权重最大 |

### 3.2.1.2　英国评价体系P&P

英国的人与地球绿色联盟（People & Planet Green League，缩写P&P[220]），以下简称"英国P&P"，是由学生组织发起的，主要面向英国公立大学的排名体系（表3-6，完整的框架见附录B1表B1-2）。

英国评价体系P&P的基本信息                          表3-6

| 涉及方面 | 主要内容 |
|---|---|
| 背景与发展 | 由英国最大的学生组织人与地球（People & Planet）发起，首次发布于2007年，每年进行排名，并根据政策与实践的变化不断更新评价指标 |
| 评价目的 | 以高校官网以及权威数据库信息为基础，对英国高校进行整体性排名，旨在通过排名激励高校对气候变化采取行动，满足学生的期望 |
| 实践应用 | 评价范围为英国所有公立大学；2019年，排名涵盖了154所英国大学 |
| 指标与权重 | 分为四级指标，一级指标分为13个部分：环境政策与战略、员工、环境审计与管理系统、道德投资、碳管理、职工权利、可持续粮食、教职工与学生参与、可持续发展教育、能源、废弃物与回收、减少碳排放、节水；减少碳排放维度所占权重最大 |

## 3.2.2　引起绿色意识体系（Raising Consciousness）

可持续发展评估问卷（Sustainability Assessment Questionnaire，缩写SAQ[221]）是研究选取的15个代表性评价体系中唯一的主要评价目的为引起绿色意识的体系，以下简称"国际型SAQ"，是基础性、入门级评级体系（表3-7，完整的框架见附录B2表B2-1）。

可持续发展评估问卷SAQ的基本信息                                        表3-7

| 涉及方面 | 主要内容 |
|---|---|
| 背景与发展 | 由可持续发展大学领导组织（Association of University Leaders for a Sustainable Future，缩写ULSF）于1999年至2001年间制定，涵盖高校可持续发展的必要方面，以指导高校理解可持续发展的含义 |
| 评价目的 | 对高校可持续发展进行简短的定性调查，旨在引起高校绿色、可持续发展意识，引发高校对可持续发展的讨论，并概述可持续发展现状 |
| 实践应用 | 体系在ULSF网站上发布，供全球各个发展阶段的高校自主使用 |
| 指标与权重 | 分为两个层级，一级指标由7个部分组成：课程、研究与奖学金、运营、教职工发展与奖励、参与和服务、学生机会以及治理、任务和计划；权重计算依据题目数量比例，治理、任务和计划维度所占权重最大 |

## 3.2.3  确定整体情况体系（Identifying the Overall Picture）

### 3.2.3.1  智利评价体系AMAS

智利高等教育可持续性评价适应性模型（Adaptable Model for Assessing Sustainability in Higher Education，缩写AMAS[222]），以下简称"智利AMAS"，以智利为研发背景，评价包含了自上而下制定绿色校园管理策略的思想（表3-8，完整的框架见附录B3表B3-1）。

智利评价体系AMAS的基本信息                                        表3-8

| 涉及方面 | 主要内容 |
|---|---|
| 背景与发展 | 智利高校绿色校园实践仍处于比较初级阶段，亟需构建考虑当地高校特点、可应用、可指导实践的评价体系，在此背景下，AMAS于2014年发布 |
| 评价目的 | 旨在确定智利校园可持续发展的整体情况，并考虑到对不同发展背景、数据获取能力校园的适用性，通过评价的实施收集校园的基本信息 |
| 实践应用 | 针对智利高校设计的区域型评价体系，已经完全应用于5所智利高校 |
| 指标与权重 | 分为三个层级，第一层级包含3个维度：机构承诺、树立榜样、推进可持续发展；占比最大的是树立榜样维度 |

### 3.2.3.2  葡萄牙评价体系SusHEI

葡萄牙高校可持续发展体系（Sustainability in Higher Education Institution，缩写SusHEI[223]），以下简称"葡萄牙SusHEI"，基于葡萄牙高校校园可持续发展阶段，强调每个具体评价指标的多重意义，以及为社会、经济、环境等方面带来的积极影响（表3-9，完整的框架见附录B3表B3-2）。

葡萄牙评价体系SusHEI的基本信息 表3-9

| 涉及方面 | 主要内容 |
|---|---|
| 背景与发展 | 基于葡萄牙高校绿色校园发展处于相对初级阶段的整体背景，SusHEI于2013年被提出，提供了一个从多维度出发的评价框架与视角 |
| 评价目的 | 以葡萄牙一个高校校园为例，选取具体指标构建出完整的评价体系，SusHEI的主要目的是全面评价校园可持续发展的现状 |
| 实践应用 | 以波尔图大学工程学院（Faculty of Engineering of the University of Porto，缩写FEUP）为例，进行了应用与分析 |
| 指标与权重 | 分为三个层级，第一层级由5个维度组成：治理、运营、教育、科研、社区影响；教育维度所占权重最大 |

### 3.2.3.3 非洲评价体系USAT

基于单位的可持续性评估工具（Unit-based Sustainability Assessment Tool，缩写USAT[224]），以下简称"非洲USAT"，是在联合国科研项目支持下，针对非洲国家研发的评价体系；体系研发中参照全球型体系SAQ、AISHE和GASU并进行适应性应用（表3-10，完整的框架见附录B3表B3-3）。

非洲评价体系USAT的基本信息 表3-10

| 涉及方面 | 主要内容 |
|---|---|
| 背景与发展 | 2009年，在瑞典/非洲国际培训计划（Swedish/Africa International Training Programme，缩写ITP）的支持下研发完成 |
| 评价目的 | 可持续校园发展现状评价工具，考虑到评价应用的灵活度，USAT可运用于局部（单个学院），或者校园整体；USAT的主要目的是确定绿色校园潜在的发展项目和领域，以促进未来的可持续发展 |
| 实践应用 | 主要应用于非洲国家，目前已应用于非洲的18所大学[225] |
| 指标与权重 | 分为三个层级，一级指标包括4个维度：教学科研与社区服务、运营与管理、学生参与、策略与承诺；教学科研与社区服务所占权重最大 |

## 3.2.4 制定发展策略体系（Managing Strategy）

### 3.2.4.1 可持续校园模型SUM

可持续校园模型（Sustainable University Model，缩写SUM[226]），以下简称"国际型SUM"，其概念模型包含愿景、任务、大学范围内的可持续发展承诺以及促进发展的策略四个阶段，并组成一个戴明环（Deming Cycle）[226]，强调措施在循环中的持续性改进（表3-11，完整的框架见附录B4表B4-1）。

**可持续校园模型SUM的基本信息**　　　　　表3-11

| 涉及方面 | 主要内容 |
| --- | --- |
| 背景与发展 | 基于全球约80个高校的经验数据，通过高校校园数据的收集与分析，较为概括地提炼绿色校园的评价主题，并通过评价以及对于纵向评价结果的比较不断推进绿色校园的建设 |
| 评价目的 | 可持续校园策略制定体系，在评价可持续发展现状的同时，为高校提供制定发展策略的流程 |
| 实践应用 | 通过校园案例测试应用，并供高校自主使用 |
| 指标与权重 | 分为两个层级，第一层级包括愿景、任务、承诺以及促进可持续发展的策略；权重计算依据指标数量占总数的比例，策略维度占有最大的比重 |

### 3.2.4.2　荷兰评价体系AISHE

荷兰高等教育可持续发展评价工具（Assessment Instrument for Sustainability in Higher Education，缩写AISHE[20]），以下简称"荷兰AISHE"，采用过程导向、定性、描述性的评价方式，注重绿色校园管理流程的构建，每个维度的6个评价指标组成戴明环（表3-12，完整的框架见附录B4表B4-2）。

**荷兰评价体系AISHE的基本信息**　　　　　表3-12

| 涉及方面 | 主要内容 |
| --- | --- |
| 背景与发展 | 由荷兰可持续高等教育基金会（Dutch Foundation for Sustainable Higher Education）发布；最初于2000—2001年由尼科·罗达（Niko Roorda）设计并验证；2009年，欧洲20多所高校共同参与设计该评价体系2.0版本 |
| 评价目的 | 制定可持续发展的策略，引起利益相关者（决策者、管理者、研究人员、教职工、工作人员、学生等）的关注并制定绿色校园发展策略，推动绿色校园实践与应用；可以作为评级工具使用，并取得认证结果 |
| 实践应用 | 主要在欧洲、非洲以及拉丁美洲使用，已应用于30多个国家及地区 |
| 指标与权重 | 分为三个层级，第一层级包括：身份、运营、教育、科研以及社会；AISHE没有具体权重赋值，根据指标数量每个维度权重均等 |

### 3.2.4.3　联合国绿色校园工具包Toolkit

联合国绿色校园工具包（Greening Universities Toolkit，缩写Toolkit[24]），以下简称"联合国Toolkit"，在集合多个国家与地区绿色校园发展经验基础上，为各个发展阶段的校园提供基础性实施措施与流程参考（表3-13，完整框架见附录B4表B4-3）。

56　高校绿色校园评价体系研究

| 涉及方面 | 主要内容 |
|---|---|
| 背景与发展 | 源于一项联合国环境项目，来自非洲、亚太地区、欧洲、拉丁美洲和北美高校的研究人员共同参与编制；2013年，升级版Toolkit2.0发布 |
| 评价目的 | 策略型评价体系，为绿色校园提供实施步骤，旨在将大学转变为绿色校园；也作为评级工具评估绿色校园现状 |
| 实践应用 | Toolkit也作为绿色校园评价工具，主要对实施措施进行评价，已应用于印度尼西亚的一所校园（IPB Dramaga Campus in Indonesia）[227] |
| 指标与权重 | 分为三个层级，第一层级包括13个维度：能源、碳与气候变化，水资源，废弃物，生物多样性与生态系统服务，规划、设计与开发，采购，绿色办公室，绿色实验室，绿色信息技术，交通，学习、教学与科研，社区参与及治理与管理；Toolkit以评价环境的可持续性为主 |

## 3.2.5　绿色校园评级体系（Rating）

### 3.2.5.1　日本评价体系ASSC

日本可持续校园评价体系（Sustainable Campus Assessment System，缩写ASSC[21]），以下简称"日本ASSC"，从教育与科研功能出发，采用戴明环结构，通过流程、措施阐述，引导校园发展自身策略（表3–14，完整框架见附录B5表B5–1）。

**日本评价体系ASSC的基本信息**　表3-14

| 涉及方面 | 主要内容 |
|---|---|
| 背景与发展 | 由北海道大学可持续校园管理办公室于2013年研发，在日本校园可持续发展组织支持下运行。参照现有评价体系，如美国STARS，可持续大学校园的价值度量和政策（Value Metrics and Policies for a Sustainable University Campus，缩写UNImetrics），替代性大学评估工具（Alternative University Appraisal，缩写AUA）和印尼GM，通过联合性研究设计而成 |
| 评价目的 | 三个评价目的，首先是评级体系，设置评价基准线并进行校园之间比较；其次是策略型体系，旨在让高校通过评价发现适合其自身的政策管理标准；也是一个传播工具，将可持续校园的发展经验在校内、校外传播 |
| 实践应用 | ASSC评价平台向全球所有高校开放，自2014年以来，已应用于日本及其他一些国家；2014—2016年间，共有12所大学获得认证 |
| 指标与权重 | 分为五个层级，第一层级包括：管理、教育与科研、环境、本地社区、特殊报告；环境维度占有最高权重 |

### 3.2.5.2　高校可持续发展图形化评价体系GASU

高校可持续发展图形化评价体系（Graphical Assessment of Sustainability in University，缩写GASU[96]），以下简称"国际型GASU"，其特点是通过图像化的表达方式进行评价结果比较（表3–15，完整的框架见附录B5表B5–2）。

**高校可持续发展图形化评价体系GASU的基本信息**     表3-15

| 涉及方面 | 主要内容 |
|---|---|
| 背景与发展 | 罗德里戈·洛萨诺（Rodrigo Lozano）设计，基于全球可持续发展报告指南（Global Reporting Initiative Sustainability Guidelines，简称GRI[228]）改编，以适用于高校；2006年发布第一版，基于GRI增加教育方面；2011年，GRI第三版发布，GASU随之更新，加入"关联的问题和维度" |
| 评价目的 | 评级体系，帮助高校分析可持续发展进度，进行横向、纵向比较和评价 |
| 实践应用 | GASU应用于发布GRI报告的校园，目前已经被应用于12个校园[229] |
| 指标与权重 | 分为三个层级，第一层级由6个部分组成，第一到四部分是全球可持续发展报告指南的指标（GRI G3），第五、六部分是在此基础上增加的适应可持续校园评价的部分；GASU每个维度的权重与其所包含题目占总数的比例相匹配，延续了GRI的设置，其基本配置维度权重最大 |

### 3.2.5.3  美国评价体系STARS

美国高校可持续发展跟踪评价体系（Sustainability Tracking, Assessment and Rating System for Colleges and Universities，缩写STARS[23]），以下简称"美国STARS"，是更新最频繁、最具有权威性的评价体系之一（表3-16，完整的框架见附录B5表B5-3）。

**美国评价体系STARS的基本信息**     表3-16

| 涉及方面 | 主要内容 |
|---|---|
| 背景与发展 | 由高等教育可持续发展协会（Association for the Advancement of Sustainability in Higher Education，缩写AASHE）开发，其研究始于2006年，并于2008年发布第一版，经过多次更新，于2019年发布最新版 |
| 评价目的 | 评级，旨在提出一套通用评价框架与基准线，供机构共享成果与经验 |
| 实践应用 | 起源于北美，目前已经应用于美国、加拿大、墨西哥以及欧洲和亚洲的一些高校校园；截至2020年，已有1000多所高校注册使用该体系；但仍有部分高校由于其所要求的数据难度较高、信息不足等原因无法参评 |
| 指标与权重 | 分为三个层级，第一层级包括6个维度：机构基本特征、学术、参与、运营、规划与管理、创新与领导能力；运营维度所占权重最大 |

### 3.2.5.4  校园可持续性评估框架核心体系CSAF Core

校园可持续性评估框架核心体系（Campus Sustainability Assessment Framework Core，缩写CSAF Core），以下简称"加拿大CSAF Core"，基于150位专家参与研究而成，提出人与生态系统二元模型，评价高校可持续发展绩效（表3-17，完整的框架见附录B5表B5-4）。

| 校园可持续性评估框架核心体系CSAF Core的基本信息 | | 表3-17 |

| 涉及方面 | 主要内容 |
|---|---|
| 背景与发展 | 源于林赛·科尔（Lindsay Cole）2003年对校园可持续性评估框架（Campus Sustainability Assessment Framework[230]）的参与研究；CSAF Core在CSAF的基础上简化并提炼出核心框架，于2009年由塞拉青年联盟（Sierra Youth Coalition，缩写SYC）发布 |
| 评价目的 | CSAF旨在评估加拿大大学的可持续发展绩效；CSAF Core是其精简版 |
| 实践应用 | 评价体系不在任何机构下运行，由高校自主使用；加拿大、美国等地高校运用其发布评价报告 |
| 指标与权重 | 分为三个层级，第一层级包括10个维度：身心健康、社区、知识、治理、经济与财富、水资源、材料、空气、能源及土地；整体看来，环境各个子维度之和所占权重最大 |

### 3.2.5.5  太平洋可持续发展指数PSI

太平洋可持续发展指数（Pacific Sustainability Index，缩写PSI[231]），以下简称"美国PSI"，是被动型评级体系。根据可获取的官方信息由分析员评价，通过高校验证后发布评价结果（表3-18，完整框架见附录B5表B5-5）。

| 太平洋可持续发展指数PSI的基本信息 | | 表3-18 |

| 涉及方面 | 主要内容 |
|---|---|
| 背景与发展 | 由美国克莱蒙特·麦肯纳学院的罗伯茨环境中心（Roberts Environmental Center of Claremont McKenna College）发布，该中心致力于研发各类机构的可持续评价指数，并进行了持续10年以上的研究 |
| 评价目的 | 评级体系，也是一个被动型评价体系 |
| 实践应用 | 2012年覆盖了美国124所大学，是一次较为全面的整体性评价 |
| 指标与权重 | 分为三个层级，第一层级包括环境方面主题和社会方面主题；其中，社会方面主题所占权重略高于环境方面 |

本节根据5种类型的评价目的对国外14个典型性高校绿色校园评价体系的基础信息进行梳理，作为进一步综合性比较分析的基础。

# 3.3 我国代表性高校绿色校园评价体系解析

## 3.3.1 我国绿色校园相关评价体系发展

### 3.3.1.1 我国绿色校园相关评价体系发展概况

　　1998年全国人民代表大会通过《中华人民共和国节约能源法》[232]，以及一系列法律法规[233][234]，为发展绿色建筑奠定法律依据。2006年，国家《绿色建筑评价标准》GB/T 50378—2006发布（简称《绿色建筑2006》），标志着我国绿色建筑评价体系由借鉴国外体系进入适应与优化阶段[235]。2014年，《绿色建筑评价标准》GB/T 50378—2014（简称《绿色建筑2014》）由住房和城乡建设部发布；2019年，《绿色建筑评价标准》GB/T 50378—2019发布（简称《绿色建筑2019》），以"以人为本"和"可感知"的角度重构"四节一环保"[236]的核心框架，确立"五大性能"评价框架[237]，是绿色建筑评价的再一次适应性变化。

　　2013年，协会标准《绿色校园评价标准》CSUS/GBC 04—2013（简称《绿色校园2013》）在中国城市科学研究会主导下发布。在此基础上，绿色校园国家标准的编制也逐步开始[238]。2019年，《绿色校园评价标准》GB/T 51356—2019（简称《绿色校园2019》）由住房和城乡建设部发布。

　　我国绿色建筑评价标准不断发展与更新，形成建筑、区域、城区三个层级评价体系（表3–19、表3–20）。

我国绿色校园相关评价标准 　　　　　　　　　　　　表3-19

| 评价对象 | 维度 | 评价标准名称 |
|---|---|---|
| 建筑 | 绿色建筑 | 《绿色建筑评价标准》GB/T 50378—2019<br>《绿色建筑评价标准》GB/T 50378—2014（已废止）<br>《绿色建筑评价标准》GB/T 50378—2006（已废止）<br>《绿色博览建筑评价标准》GB/T 51148—2016<br>《绿色饭店建筑评价标准》GB/T 51165—2016<br>《绿色商店建筑评价标准》GB/T 51100　2015<br>《绿色医院建筑评价标准》GB/T 51153　2015<br>《绿色工业建筑评价标准》GB/T 50878—2013<br>《绿色办公建筑评价标准》GB/T 50908—2013<br>《建筑工程绿色施工评价标准》GB/T 50640—2010（已废止）<br>《建筑与市政工程绿色施工评价标准》GB/T 50640—2023<br>《民用建筑绿色设计规范》JGJ/T 229—2010 |
| | 既有建筑绿色改造 | 《既有建筑绿色改造评价标准》GB/T 51141—2015 |
| 区域 | 绿色校园 | 《绿色校园评价标准》GB/T 51356—2019<br>《绿色校园评价标准》CSUS/GBC 04—2013（已废止） |
| 城区 | 生态城区 | 《绿色生态城区评价标准》GB/T 51255—2017 |

| 表3-20 |
|---|

我国主要绿色校园相关评价标准版本更新

| 评价对象 | 时间（年） | | | | | | | | |
|---|---|---|---|---|---|---|---|---|---|
| | 2006 | 2007—2012 | 2013 | 2014 | 2015 | 2016 | 2017 | 2018 | 2019 |
| 绿色建筑 | 1 | — | — | 2 | — | — | — | — | 3 |
| 既有建筑 | — | — | — | — | 1 | — | — | — | — |
| 绿色校园 | — | — | 1 | — | — | — | — | — | 2 |
| 生态城区 | — | — | — | — | — | 1 | — | — | — |

数字表示更新版本：1代表第一版；2代表第二版；3代表第三版。

### 3.3.1.2 我国绿色校园相关评价体系的主要内容

**1．绿色建筑相关评价体系比较**

本部分根据现有绿色校园相关评价体系最新版本的基础信息，对其主要内容进行梳理，并聚焦于绿色建筑评价标准这一核心体系，以及绿色校园评价标准进行深入分析。

1）评价对象

绿色建筑：针对单栋建筑或者建筑群进行评价。

绿色校园：强调校园整体的范围。

生态城区：针对城区进行评价，需要明确具体的规划用地范围。

2）评价节点

绿色建筑：《绿色建筑2014》分为"设计评价"与"运行评价"；《绿色建筑2019》将原"设计评价"改为"预评价"，取消原"运行评价"，规定"正式评价"在"建筑工程竣工后进行"。

绿色校园：《绿色校园2013》设置"设计评价"和"运行评价"两部分；《绿色校园2019》仅设置"运行评价"，强调以"既有校园实际运行情况"为评价依据，并规定"校园内主要设施等应已建成且投入使用不小于1年"。

生态城区：分为"规划设计评价"与"实施运营评价"，规划设计评价要求"制定规划设计评价后的三年实施方案"。

3）指标内容

绿色建筑：《绿色校园2019》的更新与优化体现在技术提升（融入建筑工业化、健康建筑、建筑信息模型技术等），以及以人为本的理念，体现出人的获得感（建筑的安全、耐久、服务、健康、宜居、全龄友好等），从而调整评价框架[237]，强调对于运营管理性能的重视[239]。

绿色校园：《绿色校园2019》的评价框架延续"四节一环保"的理念，在《绿色建筑2014》基础上，将原有的节水、节能、节材合并为"能源与资源"，并增加了运行与管理、教育与推广两个维度。

生态城区：《绿色生态城区评价标准》GB/T 51255—2017（简称《生态城区2017》）在"四节一环保"基础上加入"软件"部分。

**2.《绿色建筑2019》与《绿色建筑2014》比较**

基于文献提出的指标更新分类方法，对两版评价体系指标进行比较分析。根据结果，《绿色建筑2019》的更新幅度较大（图3-3）：仅约29%的指标完全沿用《绿色建筑2014》；约36%的指标为引申，即局部修改、凝练与更新；约35%的指标为新增。再根据每个维度得分比例进行分析（图3-4），其中安全耐久、健康舒适维度新增内容较多（占比分别为91%、53%），其他维度以沿用和引申为主。

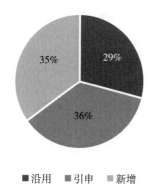

图3-3 《绿色建筑2019》与
《绿色建筑2014》相比新旧条文占比

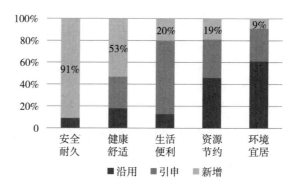

图3-4 《绿色建筑2019》与
《绿色建筑2014》相比新旧条文的分值占比

**1）评价等级**

两部评价体系均为评级体系，评价结果设定为一星级、二星级、三星级；《绿色建筑2019》考虑到扩大评价的覆盖面，兼顾不同建设水平的绿色建筑，增加"基本级"，有利于绿色建筑的实践推广[240]。

**2）特点与趋势**

《绿色建筑2019》作为基础性、参照性标准，其更新基于我国绿色建筑发展实践中存在的问题，并进行创新式回应，体现出以下特点与趋势，并将带动相关评价体系的优化与更新。

提升获得感：《绿色建筑2019》体现了绿色建筑理念的更新，更加注重"以人为本"的理念[241]，从"最大限度地节约资源"到"最大限度地实现人与自然的和谐共生"，突出让使用者更多体验绿色建筑带来的获得感[242]。

注重技术落地：针对评价实践中轻运行的问题，新标准的正式评价的评价节点设置于竣工后，相较于《绿色建筑2014》的设计评价，更加注重评价的性能时效，切实有效地监督技术落地[239]。

提升可实施性：评级等级增加"基本级"，鼓励参评并提升评价的覆盖面；提高与创新内容中提到对绿色金融的支持，重视绿色建筑的可实施性。

### 3.3.2　我国绿色校园评价体系特点分析

基于对我国绿色校园相关评价体系，尤其是绿色建筑评价体系发展的分析，本小节进一步结合发展背景、基本设置、指标与权重、实践应用，解析绿色校园评价标准的特点。

**1.《绿色校园评价标准》CSUS/GBC 04—2013解析**

《绿色校园2013》的编制，主要参照美国、英国、澳大利亚、日本校园建筑的相关标准[238]；上述国外标准多针对中小学教育建筑，缺乏对于大学校园特点及整体性的关注；《绿色校园2013》在此基础上，根据我国校园建设特点，并基于《绿色建筑2006》的基本框架结构，分为中小学校以及高等院校两个部分，提出具体评价指标。

《绿色校园2013》的发布具有开创性意义，但其参照的标准主要针对校园建筑，而不是将校园看作整体，考虑其对于可持续发展的重要意义；此外，作为第一部绿色校园维度的评价标准，在实践过程中缺乏相关配套设置，如评价计算工具与申报平台，因此，也体现出以下几点不足。

1）部分评价指标的清晰性、可操作性不足：评价标准的设置主要考虑到校园建筑，对于校园整体而言，指标之间联系性不强；部分指标条款的具体描述、定量评价的信息不够充分，体现在深度、精确性不足等方面。

2）评价不够多元化，指标设置不均衡：评价体系的设置注重绿色校园的硬件设施，体现出对校园资源能源节约的重视，却未能充分反映校园在绿色发展中扮演的重要教育与研究角色，对校园软件建设关注不足[243][197]。

3）对校园的设计与运行分别评价，很大程度忽视了运行方面的重要性：《绿色校园2013》分为设计与运行评价两部分，设计评价无需参评标准的第六"运行管理"部分，以及第七"教育推广"部分。设计评价容易忽视校园运行状态及高校教育功能，使运行部分的指标没有充分发挥其作用。

**2.《绿色校园评价标准》GB/T 51356—2019解析**

《绿色校园2019》在《绿色校园2013》的基础上，参照《绿色建筑2014》进行了更加详细的指标选项阐释与说明，对许多指标设置量化评价基准。《绿色校园2019》的一级指标包括六个部分，前五部分共包含75个指标（完整框架见附录B5表B5-6）。

从《绿色校园2013》到《绿色校园2019》的发布，我国绿色校园从节约型校园向着更加综合性的绿色校园演进，评价体系在以下方面进行转变与提升。

1）评价导向

从"关注绿色建筑单体"向"关注校园整体"转变。《绿色校园2013》主要围绕着绿色建筑展开[197]，《绿色校园2019》强调"校园整体的资源节约和环境……并不要求校区内每一栋建筑必须达到较高的节能标准……对校园建筑的节能更注重其整体性能，并可以将特殊用房排除在外（例如高能耗实验室）"[244]。

2）评价阶段

从"设计和运行评价并存"向"运行评价"转变。《绿色校园2019》注重校园运行阶段的实际效果，不再设置设计评价，而是与国际上大多数评价体系一致，以运行阶段的校园为评价对象。对于处于设计规划阶段的校园，可以采用指标进行预评价，最终以运行评价为正式评价。

3）评价方式

从"按照达标项目数计算总分"向"按照评分项加权计算总分"转变，更加清晰地展现指标之间的关系与重要程度。由《绿色校园2013》的控制项（29项）、一般项（58项）、优选项（16项），转变为《绿色校园2019》的控制项（17项）、评分项（58项）、加分项（13项），评价方式更加简单明确。

4）指标内容

对比两版评价体系，《绿色校园2019》的更新幅度也较大，根据条文数量对比分析（图3-5），仅约24%的指标完全沿用《绿色校园2013》；约53%的指标进行了引申，对原有指标进行凝练与清晰化阐述；约23%的指标为新增。再根据每个维度得分比例分析（图3-6），引申得分在各个维度占比均为最大（占比在55%~90%之间），其中规划与生态、能源与资源、环境与健康、运行与管理维度新增指标得分较大（占比在27%~45%之间），教育与推广维度新增较少，仅为9%。通过比较可以看出，《绿色校园2019》主要是基于《绿色校园2013》进行凝练与优化，并进行少部分指标的替换与更新。

对比《绿色校园2019》与《绿色建筑2014》，绿色校园标准在绿色建筑标准基础上进行适应性改造，根据条文数量对比分析（图3-7），约21%的指标完全沿用《绿色建筑2014》；约39%的指标进行引申，对主要内容进行改造从而适用于校园；约40%的指标为新增。再根据每个维度得分比例分析（图3-8），规划与生态、能源与资源大部分指标均为绿色建筑指标的沿用与引申；环境与健康、运行与管理新增得分占比39%~55%，教育与推广维度均为新增。

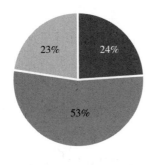

图3-5 《绿色校园2019》与
《绿色校园2013》相比新旧条文占比

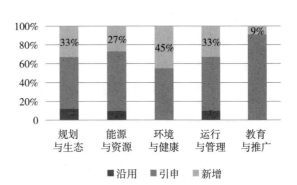

图3-6 《绿色校园2019》与
《绿色校园2013》相比新旧条文的分值占比

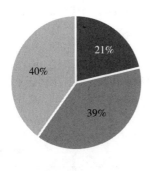

图3-7 《绿色校园2019》与
《绿色建筑2014》相比新旧条文占比

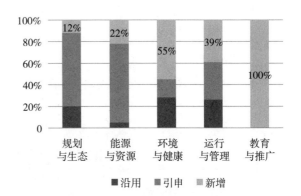

图3-8 《绿色校园2019》与
《绿色建筑2014》相比新旧条文分值占比

### 3.《绿色校园评价标准》的特点分析

绿色校园评价标准的不断发展与优化为绿色校园价值导向、主要内涵提供指导：确定以节约型校园为内核的绿色校园基本概念；结合我国高校特点提出绿色校园评价框架及内容；确定以校园整体运行状态为对象的评价视角。

通过上述分析可以看出，《绿色校园2013》的三个主要问题在《绿色校园2019》中均有所回应，在指标的清晰性、可操作性、均衡性、对运营状态的重视程度方面有较大提升；但对于京津冀高校校园建设现状问题，仍然体现出以下几点不足。

1）指标数据要求相对较高、评价难度高。现有评价标准以全国校园为评价对象，部分定量评价指标对数据收集与统计要求较高，对于京津冀地区尚未建成能耗监测平台的校园，数据收集与统计仍然极具挑战。

2）评价实施的配套设计不足。两部评价标准仅对评价对象、评价节点进行基础性要求，对评价的实施、申报流程与结果认证等相关评价配套的设计不足，限制了评价体系的实践应用。

3）实践指导性有待提升。现有评价标准注重性能评价，但对于鼓励、支持、保障绿色校园建设的内容涉及较少，针对京津冀高校绿色校园的共性问题，引导性显得不足，未能充分发挥对绿色校园的引导与推动作用。

# 3.4 国内外典型性高校绿色校园评价体系比较分析

## 3.4.1 基本信息比较

基于15个评价体系的背景与应用、评价目的与发展阶段，本研究进一步对指标类型、评价方式与数据验证、结果发布形式等进行比较。

### 1. 指标类型

评价体系主要采取定性指标、定量指标，或者两种相结合的方式进行评价（表3-21）。

典型性评价体系的指标类型　　　　　　　　　　表3-21

| 序号 | 缩写 | 指标类型 | | | 评分方式 |
| --- | --- | --- | --- | --- | --- |
| | | 指标数量 | 比例 | 回答方式 | |
| 1 | AISHE | 30 | 定性：30（100%） | 分类 | 哥特曼量表 |
| 2 | AMAS | 25 | 定性：11（44%） | 分类 | 李克特量表 |
| | | | 定量：14（56%） | 单选，总量，性能 | 根据基准线 |
| 3 | ASSC | 170 | 定性：165（97%） | 分类，文字描述 | 哥特曼量表 |
| | | | 定量：5（3%） | 总量，比例 | 李克特量表 |
| 4 | CSAF Core | 48 | 定量：48（100%） | 总量，比例 | 根据基准线 |
| 5 | GASU | 174 | 定性：174（100%） | 分类 | 李克特量表 |
| 6 | GM | 39 | 定性：8（21%） | 多选 | 哥特曼量表 |
| | | | 定量：31（79%） | 多选，总量，比例 | 李克特量表 |
| 7 | P&P | 61 | 定性：49（80%） | 分类，多选 | 哥特曼量表 |
| | | | 定量：12（20%） | 多选，总量，比例 | 根据性能 |
| 8 | PSI | 83 | 定性：56（67%） | 文字描述（支持材料） | 根据指标内容进步程度及包含方面丰富程度 |
| | | | 定量：27（33%） | 总量，比例 | 根据指标内容进步程度及包含方面丰富程度 |

| 序号 | 缩写 | 指标类型 | | | 评分方式 |
|---|---|---|---|---|---|
| | | 指标数量 | 比例 | 回答方式 | |
| 9 | SAQ | 25 | 定性：23（92%） | 单选，多选，分类，文字描述 | 李克特量表 |
| | | | 定量：2（8%） | 比例 | |
| 10 | STARS | 69 | 定性：36（52%） | 单选，多选，文字描述 | 根据描述 |
| | | | 定量：33（48%） | 总量，比例 | 李克特量表 |
| 11 | SUM | 27 | 定性：27（100%） | 单选，文字描述 | 回答率 |
| 12 | SusHEI | 16 | 定量：16（100%） | 总量，比例 | 李克特量表 |
| 13 | Toolkit | 134 | 定性：134（100%） | 分类 | 李克特量表 |
| 14 | USAT | 75 | 定性：75（100%） | 文字描述（支持材料） | 李克特量表 |
| 15 | ASGC | 75 | 定性：62（83%） | 分类 | 哥特曼量表 |
| | | | 定量：13（17%） | 总量，比例 | 李克特量表，根据基准线 |

1）定性指标

荷兰AISHE全部采用定性指标；印尼GM、日本ASSC、中国ASGC部分指标采用定性评价方式，运用哥特曼或者李克特量表衡量评价结果。哥特曼量表在评价校园措施时通过选项描述措施进展的情况，让参评者作出是或者否的判断；李克特量表则通过参评者对选项的认同程度进行判断。洛萨诺[96]在国际型GASU中提出的"衡量内容及覆盖程度的度5级量表"，被广泛地应用于智利AMAS、联合国Toolkit、非洲USAT等体系。

2）定量指标

加拿大CSAF Core的全部指标，以及智利AMAS、印尼GM、英国P&P、美国PSI、美国STARS、中国ASGC的部分指标采用定量评价方式。定量指标在使用得当的情况下被认为是非常实用的评价方式[101]。其中，美国STARS的评分方式最为严格，在部分指标中，同时衡量措施的进展程度与应用范围，得到较为准确的评价结果。此外，一些评价体系为了弥补数据不足问题，提供一些补充性的评分方式。如英国P&P在一些指标数据不完整的时候，可以提供代替性数据并得到部分得分。日本ASSC从美国STARS借鉴了一些指标，在提供更加细节的数据时给予额外得分。

2．评价方式与数据验证

上述评价体系几乎全部可作为自评价（self-assessment）体系使用（表3-22），清晰的指标描述与透明的评分方式为高校自主使用提供便利。为了鼓励高校参与

典型性评价体系的评价方式、数据验证、结果发布方式　　表3-22

| 序号 | 缩写 | 评价方式 | 数据验证 | 结果发布 |
|---|---|---|---|---|
| 1 | AISHE | 自评价 | 认证的评价者主持评价 | 个人发布 |
| 2 | AMAS | 自评价 | — | 个人发布 |
| 3 | ASSC | 自评价 | 支撑材料及解释 | 网站发布（账户登录） |
| 4 | CSAF Core | 自评价 | — | 个人发布 |
| 5 | GASU | 自评价 | — | 个人发布 |
| 6 | GM | 自评价 | 支撑材料及解释<br>评价者审阅 | 网站发布 |
| 7 | P&P | 被动评价 | 高校审阅 | 网站发布 |
| 8 | PSI | 被动评价 | 分析者审阅 | 网站发布 |
| 9 | SAQ | 自评价 | 小组讨论 | 个人发布 |
| 10 | STARS | 自评价 | 第三方认证，高层人员推荐信<br>评价者审阅 | 网站发布 |
| 11 | SUM | 自评价 | 多源数据验证 | 个人发布 |
| 12 | SusHEI | 自评价 | — | 个人发布 |
| 13 | Toolkit | 自评价 | — | 个人发布 |
| 14 | USAT | 自评价 | — | 个人发布 |
| 15 | ASGC | 自评价 | 支撑材料及解释<br>评价者审阅及现场调研 | 暂未发布 |

评价，一些评价体系发布了在线评价自评价工具，如日本ASSC、美国STARS，方便使用者简化计算、更加便捷地获得评价结果。

此外，也有被动型评价体系（passive-assessment），如英国P&P以及美国PSI，这类评价体系无须高校参评，而是评价机构本身通过高校官网、权威数据库获取信息，分析并发布评价结果，并在公布结果前通过高校或者第三方机构验证。这类评价体系通过评价某个地区或国家特定类型的全部高校，得到规模较大的整体性评价结果。但是，被动型评价往往依赖于现有数据，在增加新的评价条款时容易受到限制，因此，容易存在引导性不足的问题。

评价体系采用多种方式进行数据验证，例如通过高校领导者的推荐信承诺数据准确性；采取多源数据对比，并提供具体的支撑与验证材料；也可通过第三方机构认证、评价者实地调查与审阅等方式检验。相较而言，我国绿色校园评价体系数据验证的要求比较高，不仅需要审查相关报告与资料，还需通过现场调研检验数据的真实性。

### 3．结果发布形式

评价结果的公开发布也是检验评价准确性、促进经验分享的重要途径。例如印尼GM、英国P&P、日本ASSC以及美国STARS通过官方网站发布部分或者所有评价结果，不仅提高评价结果可见度，增强评价体系影响力，而且吸引了更多高校参评。

### 4．评价周期与有效期

评价体系根据其运营需求设计认证流程与方式，如印尼GM、英国P&P通过设置提交截止时间、有效期、定期发布排名等方式保障评价结果时效性；美国STARS有效期为3年，但允许高校在认证1年后提交新的申请。

我国评价体系有效期相关规定仍有待细化，住房和城乡建设部2008年发布了《绿色建筑评价标识实施细则》（试行修订稿），2020年发布了《绿色建筑标识管理办法（征求意见稿）》，对有效期的规定尚不明确，相关配套设置仍有待完善。

## 3.4.2　权重分布分析

本小节根据国外评价体系的基本框架归纳绿色、可持续发展的主要维度，对15个评价体系指标进行分层级的重新归类，从而以统一的基准进行比较分析。

### 1．权重分析方法

绿色、可持续校园评价体系经过多年的发展与演变，形成相对成熟的评价框架。基于既有研究[72][92]，本研究将高校绿色的主要评价内容归纳为以下维度。

1）治理

校园绿色发展的目标，制定的整体性政策与策略，及管理架构和专业人员。

2）运营

由三个方面组成：环境（环境管理、活动和措施等）；社会（健康、安全的工作和生活环境等）；经济（与绿色校园环境、社会、教育和研究等方面有关的经济因素，投资、预算、罚款、直接与间接经济效益等）。

3）教育

针对学生和教职工的可持续发展教育教学和培训。

4）科研

对可持续相关科研的鼓励、支持，以及输出的研究成果。

5）参与

由两个方面组成：校园参与（正规课程之外师生参与的活动、学习、体验等）；公众参与（通过社区参与、合作等，使师生积极参与到社区服务、社会实践、绿色产业等方面[245]）。

为了更清晰地对15个评价体系的指标权重进行分析，研究将绿色校园的指

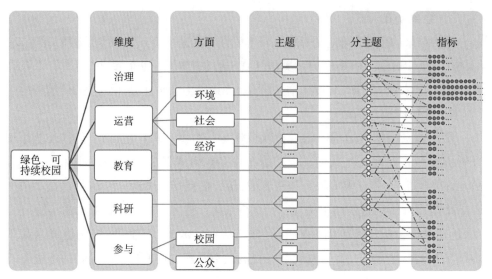

**图3-9 绿色、可持续校园权重分析层级**
（虚线表示部分指标归属于2个方面或维度）

标分为6个层级（图3-9）；首先，指标被归类于维度，然后进一步归类为具体的方面，再归类于主题与分主题。15个评价体系共包含1051个指标，根据编码策略（Coding strategy）[93][92]将这些指标重新归类，运用Excel软件对每个指标进行编号，编号包含其序号、归属的评价体系，并对每个指标的分类进行判断，采用"0=不属于本类型"，"1=属于本类型"的方式进行编码，对于少部分处于交叉维度的指标，按照最多属于两个维度的方式进行分类。为了确保指标分类的科学性与分类标准的统一性，指标分类由作者以两个独立的流程进行，并进行核对，以得出准确的分析结果。

### 2. 权重计算方式

为了分析各个评价体系的侧重点，研究采用以下两种方式计算指标归类后权重，对于一些归属于两个维度或方面的指标，计算结束时，单个评价体系的权重比例被重新归为100%。

1）对于本身具有量化得分或者权重的评价体系，指标权重通过再分类后每个维度及方面的得分占整体的比例进行计算。

2）对于一些没有设定选项得分或者权重的评价体系，例如荷兰AISHE、加拿大CSAF Core、联合国Toolkit，通过再分类后每个维度及方面的指标数量除以指标总数得出指标权重。

### 3. 权重计算结果

根据计算，评价体系在各个维度权重具有较大差异（表3-23，图3-10）。

按照各个维度整体权重比例由大到小依次进行分析。

表3-23

典型性评价体系在各个维度的权重（%）

| 维度 | 评价体系 | | | | | | | | | | | | | | |
|---|---|---|---|---|---|---|---|---|---|---|---|---|---|---|---|
| | 1.荷兰 AISHE | 2.智利 AMAS | 3.日本 ASSC | 4.加拿大 CSAF Core | 5.国际型 GASU | 6.印尼 GM | 7.英国 P&P | 8.美国 PSI | 9.国际型 SAQ | 10.美国 STARS | 11.国际型 SUM | 12.葡萄牙 SusHEI | 13.联合国 Toolkit | 14.非洲 USAT | 15.中国 ASGC |
| 治理 | 20 | 34 | 16 | 4 | 8 | 3 | 10 | 15 | 31 | 4 | 11 | 17 | 10 | 15 | 2 |
| 运营环境 | 13 | 21 | 44 | 31 | 20 | 70 | 56 | 36 | 12 | 29 | 43 | 11 | 70 | 15 | 73 |
| 运营社会 | 3 | 14 | 7 | 36 | 20 | 6 | 13 | 36 | 0 | 8 | 14 | 11 | 5 | 0 | 7 |
| 运营经济 | 3 | 7 | 5 | 17 | 21 | 5 | 7 | 9 | 0 | 11 | 4 | 11 | 4 | 5 | 0 |
| 教育 | 20 | 3 | 3 | 4 | 10 | 3 | 7 | 1 | 23 | 22 | 7 | 17 | 4 | 17 | 6 |
| 科研 | 20 | 3 | 5 | 2 | 8 | 6 | 2 | 0 | 12 | 9 | 4 | 17 | 3 | 9 | 2 |
| 参与校园 | 0 | 3 | 5 | 4 | 0 | 6 | 6 | 0 | 15 | 8 | 4 | 11 | 1 | 24 | 6 |
| 参与公众 | 20 | 14 | 16 | 2 | 3 | 2 | 0 | 3 | 8 | 10 | 14 | 6 | 3 | 16 | 4 |
| 其他 | 0 | 0 | 0 | 0 | 9 | 0 | 0 | 0 | 0 | 0 | 0 | 0 | 0 | 0 | 0 |
| 总和 | 100 | 100 | 100 | 100 | 100 | 100 | 100 | 100 | 100 | 100 | 100 | 100 | 100 | 100 | 100 |

▨ 表示评价体系在该维度权重为0。

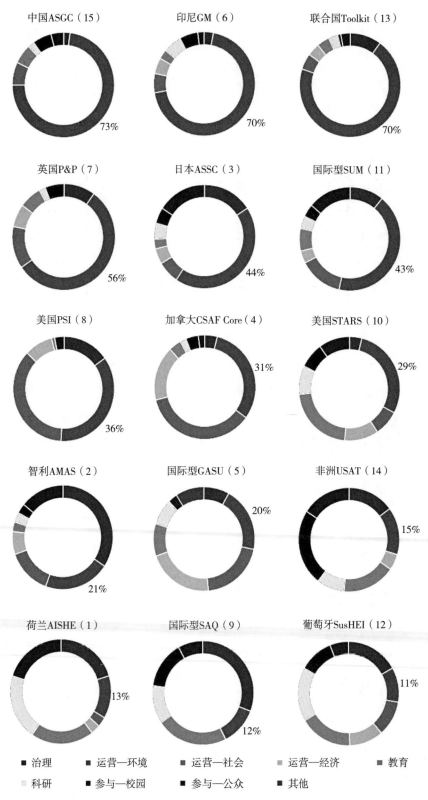

中国ASGC（15）　　印尼GM（6）　　联合国Toolkit（13）
73%　　　　　　70%　　　　　　70%

英国P&P（7）　　日本ASSC（3）　　国际型SUM（11）
56%　　　　　　44%　　　　　　43%

美国PSI（8）　　加拿大CSAF Core（4）　　美国STARS（10）
36%　　　　　　31%　　　　　　29%

智利AMAS（2）　　国际型GASU（5）　　非洲USAT（14）
21%　　　　　　20%　　　　　　15%

荷兰AISHE（1）　　国际型SAQ（9）　　葡萄牙SusHEI（12）
13%　　　　　　12%　　　　　　11%

■ 治理　　　■ 运营—环境　　　■ 运营—社会　　　■ 运营—经济　　　■ 教育
■ 科研　　　■ 参与—校园　　　■ 参与—公众　　　■ 其他

图3-10　典型性评价体系的权重分布，按照运营—环境维度权重由大到小排序

### 1）运营维度

该维度权重最大，运营三个方面整体所占权重的平均值达56%。超过一半的评价体系重视运营—环境方面（平均值36%），变化区间为11%（SusHEI）至73%（ASGC）。运营—社会方面权重平均为12%，权重变化范围为0%（SAQ、USAT）到36%（PSI、CASF Core）。很多体系忽视了运营—经济方面（平均值7%），变化区间为0%（SAQ、ASGC）到21%（GASU）。

### 2）参与维度

该维度权重排名第二，平均值为14%。参与—公众方面的权重相对较大（平均值为8%），变化区间为0%（PSI、GASU）到20%（AISHE）。参与—校园方面平均权重为6%，变化区间为0%（P&P）到24%（USAT）。

### 3）治理维度

该维度在五个维度中权重排名第三，平均值达13%，变化区间为2%（ASGC）到34%（AMAS）。一半以上评价体系在此方面权重为10%至20%。

### 4）教育维度

该维度权重的平均值为10%，权重范围从1%（PSI）到23%（SAQ）。一半以上的评价体系在此维度的权重小于10%。

### 5）科研维度

该维度是5个维度中所占权重最小的，平均值为7%，变化区间为0%（PSI）到20%（AISHE）。一半以上的评价体系在此维度的权重小于5%。

绝大多数评价体系都非常注重运营—环境方面，而社会和经济方面的权重则较小。一些评价体系重视参与和治理维度，但教育和科研维度，尤其是科研维度的权重相对较小；ASSC、SUM显示出更加均衡的权重分布。

## 3.4.3 评价内容分析

### 1. 评价内容分析方法

在权重分析基础上，本研究深入指标层级进行充分理解，并再次凝练归纳，比较分析各个评价体系的主要评价内容。首先将各个维度指标按照其评价内容归类为分主题，然后将分主题归纳为主题。归纳基于对指标主要内容、示例、评价的基本原理的分析与理解。本研究15个评价体系被归类为148个分主题，并归纳为44个主题（表3-24～表3-31）。

对于评价体系中包含的主题表达如下：×评价体系中包含该主题；☑评价体系中暗含该主题；⊠评价体系中包含该主题，并且至少包含两个分主题。

表3-24

治理维度的主题和分主题（按评价体系包含分主题的数量从左到右的顺序）

| 评价主题 | 分主题 | 美国PSI(8) | 国际型GASU(5) | 荷兰AISHE(1) | 日本ASSC(3) | 非洲USAT(14) | 智利AMAS(2) | 英国P&P(7) | 美国STARS(10) | 国际型SUM(11) | 联合国Toolkit(13) | 国际型SAQ(9) | 中国ASGC(15) | 葡萄牙SusHEI Core(12) | 加拿大CSAF Core(4) | 印尼GM(6) |
|---|---|---|---|---|---|---|---|---|---|---|---|---|---|---|---|---|
| 目标与愿景 | 发展愿景 采取的措施 | × | ☒ | × | — | × | × | — | — | × | — | — | — | — | — | — |
| 宣言与承诺 | 内部承诺 外部承诺 | × | × | — | × | — | × | — | — | — | — | × | — | — | — | — |
| 政策与方针 | 内部政策 外部政策 | ☒ | × | — | — | ☒ | — | × | — | × | ☒ | — | × | × | × | × |
| 战略计划 | 策略 实施计划 | ☒ | × | — | — | × | — | ☒ | × | ☒ | — | × | × | — | × | — |
| 管理构架 | 组织构架 性别分布 管理机构 | × | ☒ | — | × | × | × | ☒ | ☒ | — | — | — | × | ☒ | — | — |
| 职员、专家 | 职员、专家 职位与职业发展 协调机制 | × | × | × | ☒ | — | × | — | × | ☒ | — | ☒ | × | — | × | × |
| 组织与联盟 | 国内外组织 | ☒ | — | ☒ | × | — | — | — | ☒ | — | ☒ | — | — | — | — | — |
| 利益相关者参与 | 参与机制 | × | × | × | × | — | × | — | — | — | — | — | — | — | — | — |
| 协作与沟通 | 协作机制与方法 评价机制与反馈 | — | ☒ | ☒ | ☒ | × | × | — | — | — | — | — | — | — | — | × |
| 公平与透明性 | 评价的准确性 机制与方法 | ☒ | ☒ | × | — | — | — | — | — | — | — | — | — | — | — | — |
| 10个主题 | 22个分主题 | 15 | 11 | 9 | 8 | 6 | 6 | 6 | 6 | 5 | 4 | 4 | 3 | 2 | 2 | 2 |
| | 138个指标 | 23 | 20 | 6 | 22 | 12 | 10 | 5 | 4 | 3 | 14 | 8 | 4 | 3 | 2 | 2 |

×评价体系中包含该主题；☒评价体系中暗含该主题；☒评价体系中包含该主题，并且至少包含两个分主题。

表3-25

运营维度——环境方面的主题和分主题（按评价体系包含分主题的数量从左到右的顺序）

| 评价主题 | 分主题 | 评价体系 | | | | | | | | | | | | | | |
|---|---|---|---|---|---|---|---|---|---|---|---|---|---|---|---|---|
| | | 联合国 Toolkit (13) | 日本 ASSC (3) | 中国 ASGC (15) | 国际型 GASU (5) | 美国 PSI (8) | 印尼 GM (6) | 美国 STARS (10) | 加拿大 CSAF Core (4) | 非洲 USAT (14) | 英国 P&P (7) | 国际型 SUM (11) | 智利 AMAS (2) | 荷兰 AISHE (1) | 国际型 SAQ (9) | 葡萄牙 SusHEI (12) |
| 发展目标 | 目标与政策 | — | — | — | — | — | — | — | — | — | — | ⊠ | — | × | × | — |
| 环境管理 | 环境管理系统 环境审计 投资与罚款 资产与设施 | ⊠ | ⊠ | — | × | ⊠ | — | — | — | — | ⊠ | — | — | — | — | — |
| 采购与服务 | 合同与采购 产品与服务 | ⊠ | ⊠ | × | ⊠ | × | — | × | — | — | ⊠ | ⊠ | — | — | — | — |
| 评价与反馈 | 系统与措施 | — | × | × | — | — | — | — | — | — | — | — | — | × | — | — |
| 可持续规划 | 整体规划 总平面规划 | ⊠ | ⊠ | × | — | — | — | — | — | — | — | — | — | × | × | — |
| 基础条件 | 无线网WLAN, 图纸CAD | — | × | — | — | — | — | — | — | — | — | — | — | — | — | — |
| 场地 | 选址安全 用地/空间使用 室外环境 绿地 开敞空间 绿色基础设施 | ⊠ | ⊠ | ⊠ | — | × | ⊠ | | ⊠ | — | — | — | — | — | — | — |

第 3 章 基于目标导向的国内外高校绿色校园评价体系比较 75

| 评价主题 | 分主题 | 联合国 Toolkit (13) | 日本 ASSC (3) | 中国 ASGC (15) | 国际型 GASU (5) | 美国 PSI (8) | 印尼 GM (6) | 美国 STARS (10) | 加拿大 CSAF Core (4) | 非洲 USAT (14) | 英国 P&P (7) | 国际型 SUM (11) | 智利 AMAS (2) | 荷兰 AISHE (1) | 国际型 SAQ (9) | 葡萄牙 SusHEI (12) |
|---|---|---|---|---|---|---|---|---|---|---|---|---|---|---|---|---|
| 生态 | 生态系统 生物多样性 杀虫剂 水体质量 景观 | ☒ | ☒ | ☒ | ☒ | ☒ | — | ☒ | × | ☒ | — | ☒ | — | × | — | — |
| 能源 | 能源策略 能耗 节能措施 可再生能源 | × | ☒ | ☒ | ☒ | ☒ | ☒ | ☒ | ☒ | × | × | ☒ | ☒ | — | — | × |
| 温室气体 | 排放 减排措施 | × | ☒ | — | ☒ | × | ☒ | × | × | × | ☒ | — | — | — | — | — |
| 水资源 | 水资源策略 水耗 节水措施 饮用水 循环利用/再利用 | ☒ | ☒ | ☒ | ☒ | ☒ | ☒ | ☒ | ☒ | × | ☒ | × | ☒ | — | — | — |
| 废弃物 | 废弃物策略 废弃物总量 有害废弃物 循环利用 减少废弃物措施 废水 | ☒ | ☒ | ☒ | ☒ | ☒ | ☒ | ☒ | ☒ | ☒ | ☒ | ☒ | ☒ | — | — | × |

| 评价主题 | 分主题 | 评价体系 | | | | | | | | | | | | | | |
|---|---|---|---|---|---|---|---|---|---|---|---|---|---|---|---|---|
| | | 联合国 Toolkit (13) | 日本 ASSC (3) | 中国 ASGC (15) | 国际型 GASU (5) | 美国 PSI (8) | 印尼 GM (6) | 美国 STARS (10) | 加拿大 CSAF Core (4) | 非洲 USAT (14) | 英国 P&P (7) | 国际型 SUM (11) | 智利 AMAS (2) | 荷兰 AISHE (1) | 国际型 SAQ (9) | 葡萄牙 SusHEI (12) |
| 建筑 | 设计/建造/改造<br>室内环境<br>运营与维护<br>绿色办公室<br>绿色实验室<br>绿色信息技术<br>历史建筑<br>建筑材料 | ☒ | ☒ | ☒ | ☒ | ☒ | × | ☒ | ☒ | ☒ | — | ☒ | — | — | — | — |
| 交通 | 交通策略<br>车辆<br>公共交通<br>流线设计<br>职住关系<br>慢行交通<br>停车 | ☒ | ☒ | ☒ | × | × | ☒ | ☒ | — | ☒ | — | × | — | — | — | — |
| 14个主题 | 54个分主题 | 32 | 32 | 27 | 19 | 19 | 17 | 17 | 13 | 13 | 12 | 12 | 7 | 4 | 2 | 2 |
| | 418个指标 | 99 | 76 | 52 | 38 | 28 | 29 | 17 | 16 | 12 | 24 | 12 | 6 | 4 | 3 | 2 |

×评价体系中包含该主题；☒评价体系中暗含该主题；☒评价体系中包含该主题，并且至少包含两个分主题。

运营维度——社会方面的主题和分主题（按评价体系包含分主题的数量从左到右的顺序）　　表3-26

| 评价主题 | 分主题 | 评价体系 | | | | | | | | | | | | | | |
|---|---|---|---|---|---|---|---|---|---|---|---|---|---|---|---|---|
| | | 美国 PSI (8) | 国际型 GASU (5) | 加拿大 CSAF Core (4) | 英国 P&P (7) | 美国 STARS (10) | 联合国 Toolkit (13) | 日本 ASSC (3) | 国际型 SUM (11) | 中国 ASGC (15) | 智利 AMAS (2) | 印尼 GM (6) | 葡萄牙 SusHEI (12) | 荷兰 AISHE (1) | 国际型 SAQ (9) | 非洲 USAT (14) |
| 健康的学习与生活环境 | 安全、平等、健康的环境<br>无障碍设计<br>智慧校园工具<br>身心健康<br>应急与防灾<br>地震导则 | ⊠ | × | ⊠ | × | × | ⊠ | ⊠ | ⊠ | ⊠ | — | ⊠ | — | × | — | — |
| 师生的人权保障 | 入学机会与学费支付能力<br>弱势群体教职工聘用<br>职位的安全与健康补偿<br>职业发展<br>工作满意度<br>多样性、平等、人权保障 | ⊠ | ⊠ | ⊠ | ⊠ | ⊠ | ⊠ | — | ⊠ | — | ⊠ | — | ⊠ | — | — | — |
| 社会与环境责任 | 社会与环境责任<br>道德与环境责任<br>区域经济发展<br>产品责任<br>防灾/对当地社区的支持<br>公共政策贡献<br>补救措施 | ⊠ | ⊠ | ⊠ | ⊠ | — | ⊠ | ⊠ | — | — | — | — | — | — | — | — |
| 3个主题 | 20个分主题 | 13 | 12 | 7 | 6 | 6 | 6 | 5 | 5 | 4 | 3 | 3 | 2 | 1 | 0 | 0 |
| | 167个指标 | 31 | 51 | 19 | 14 | 8 | 6 | 21 | 4 | 4 | 4 | 2 | 2 | 1 | 0 | 0 |

×评价体系中包含该主题；⊠评价体系中暗含该主题，并且至少包含两个分主题。

运营维度——经济方面的主题和分主题（按评价体系包含分主题的数量从左到右的顺序）　表3-27

| 评价主题 | 分主题 | 评价体系 | | | | | | | | | | | | | | |
|---|---|---|---|---|---|---|---|---|---|---|---|---|---|---|---|---|
| | | 国际型 GASU (5) | 加拿大 CSAF Core (4) | 美国 PSI (8) | 日本 ASSC (3) | 美国 STARS (10) | 联合国 Toolkit (13) | 英国 P&P (7) | 非洲 USAT (14) | 智利 AMAS (2) | 印尼 GM (6) | 葡萄牙 SusHEI (12) | 荷兰 AISHE (1) | 国际型 SUM (11) | 国际型 SAQ (9) | 中国 ASGC (15) |
| 可持续发展投资 | 预算、费用/投资<br>经济表现<br>运营基金<br>科研基金<br>经济运营策略 | ☒ | ☒ | × | ☒ | × | ☒ | ☒ | × | — | ☒ | — | × | — | — | — |
| 采购 | 采购/合同链<br>供应链 | × | × | × | × | × | — | — | × | — | — | — | — | × | — | — |
| 罚款 | 环境与社会罚款<br>健康与安全罚款 | × | — | ☒ | — | — | — | — | — | — | — | — | — | — | — | — |
| 学费与工资 | 学费<br>工资差距 | ☒ | ☒ | — | — | ☒ | — | — | — | ☒ | — | × | — | — | — | — |
| 道德与区域发展 | 道德与环境投资<br>区域发展投资 | ☒ | × | × | — | — | ☒ | × | — | — | — | × | — | — | — | — |
| 5个主题 | 12个分主题 | 10 | 6 | 5 | 4 | 4 | 4 | 3 | 2 | 2 | 2 | 2 | 1 | 1 | 0 | 0 |
| | 82个指标 | 20 | 9 | 8 | 10 | 9 | 6 | 8 | 4 | 2 | 2 | 2 | 1 | 1 | 0 | 0 |

×评价体系中包含该主题；☒评价体系中暗含该主题；☒评价体系中包含主题，并且至少包含两个分主题。

教育维度的主题和分主题（按评价体系包含分主题的数量从左到右的顺序）

表3-28

| 评价主题 | 分主题 | 美国 STARS (10) | 非洲 USAT (14) | 中国 ASGC (15) | 国际型 GASU (5) | 荷兰 AISHE (1) | 联合国 Toolkit (13) | 日本 ASSC (3) | 英国 P&P (7) | 葡萄牙 SusHEI (12) | 国际型 SUM (11) | 国际型 SAQ (9) | 美国 PSI (8) | 加拿大 CSAF Core (4) | 智利 AMAS (2) | 印尼 GM (6) |
|---|---|---|---|---|---|---|---|---|---|---|---|---|---|---|---|---|
| 学生可持续教育 | 教育计划<br>课程<br>对于课程的支持<br>项目经历<br>学习能力<br>素养与检验 | ⊠ | ⊠ | ⊠ | ⊠ | ⊠ | ⊠ | ⊠ | × | ⊠ | ⊠ | ⊠ | × | × | × | × |
| 教职工可持续培训 | 教育与培训<br>教学支持<br>职业发展 | ⊠ | ⊠ | × | ⊠ | × | ⊠ | × | × | — | — | — | × | — | — | — |
| 2个主题 | 9个分主题 | 6 | 5 | 5 | 4 | 4 | 4 | 4 | 3 | 3 | 3 | 2 | 2 | 1 | 1 | 1 |
| | 84个指标 | 10 | 14 | 7 | 15 | 6 | 6 | 5 | 4 | 3 | 2 | 6 | 2 | 2 | 1 | 1 |

×评价体系中暗含该主题；⊠评价体系中包含该主题，并且至少包含两个分主题。

表3-29

**科研维度的主题和分主题（按评价体系包含分主题的数量从左到右的顺序）**

| 评价主题 | 分主题 | 国际型 GASU (5) | 日本 ASSC (3) | 非洲 USAT (14) | 荷兰 AISHE (1) | 联合国 Toolkit (13) | 葡萄牙 SusHEI (12) | 美国 STARS (10) | 国际型 SAQ (9) | 印尼 GM (6) | 英国 P&P (7) | 智利 AMAS (2) | 加拿大 CSAF Core (4) | 国际型 SUM (11) | 中国 ASGC (15) | 美国 PSI (8) |
|---|---|---|---|---|---|---|---|---|---|---|---|---|---|---|---|---|
| 可持续研究 | 研究计划，结合可持续发展对校园、社区、全球可持续发展作出贡献的研究 | × | ☒ | ☒ | × | — | × | — | — | — | — | × | — | × | × | — |
| 对研究的支持 | 研究人员、中心合作关系支持与管理基金/预算/奖学金 | ☒ | ☒ | ☒ | ☒ | × | × | ☒ | ☒ | × | ☒ | × | × | × | × | — |
| 研究成果与实践 | 毕业生出版物实践应用/商业化 | ☒ | ☒ | × | × | ☒ | × | — | — | × | — | — | — | — | — | — |
| 3个主题 | 10个分主题 | 7 | 7 | 5 | 5 | 3 | 3 | 3 | 3 | 2 | 2 | 1 | 1 | 1 | 1 | 0 |
|  | 57个指标 | 13 | 10 | 7 | 6 | 4 | 3 | 3 | 3 | 2 | 2 | 1 | 1 | 1 | 1 | 0 |

×评价体系中包含该主题；☒评价体系中暗含主题；☒评价体系中包含该主题，并且至少包含各个分主题。

**参与维素——校园方面的主题和分主题（按评价体系包含分主题的数量从左到右的顺序）**　　　　表3-30

| 评价主题 | 分主题 | 非洲 USAT (14) | 日本 ASSC (3) | 美国 STARS (10) | 英国 P&P (7) | 中国 ASGC (15) | 国际型 SAQ (9) | 加拿大 CSAF Core (4) | 印尼 GM (6) | 联合国 Toolkit (13) | 葡萄牙 SusHEI (12) | 智利 AMAS (2) | 美国 PSI (8) | 国际型 SUM (11) | 荷兰 AISHE (1) | 国际型 GASU (5) |
|---|---|---|---|---|---|---|---|---|---|---|---|---|---|---|---|---|
| 活动 | 项目 | ⊠ | ⊠ | × | ⊠ | ⊠ | ⊠ |  | × | ⊠ | ⊠ | × | × | × |  |  |
|  | 学生参与校园运营的机会 |  |  |  |  |  |  |  |  |  |  |  |  |  | — | — |
|  | 教职工参与校园运营的机会 | × |  |  |  |  |  |  |  |  |  |  |  |  | — | — |
|  | 园运营计划激励计划 | ⊡ | × | ⊠ |  |  |  | × | × |  | ⊠ |  |  |  | — | — |
|  | 信息发布 | ⊠ |  |  |  |  |  |  |  |  |  |  |  |  | — | — |
|  | 评估 |  | ⊠ | ⊠ | ⊠ |  |  |  |  |  |  |  |  |  | — | — |
| 组织 | 学生组织 | × |  |  |  |  |  |  | × |  |  |  |  |  | — | — |
|  | 教职工组织 |  |  |  |  |  |  |  |  |  |  |  |  |  | — | — |
| 意识 | 学生意识 | ⊡ | × |  |  |  | × | × |  | × |  |  |  |  | — | — |
|  | 教职工意识 |  |  |  |  |  |  |  |  |  |  |  |  |  | — | — |
| 职业发展 | 学生职业发展 | ⊠ | ⊠ | ⊠ |  |  |  |  |  |  |  |  |  |  | — | — |
|  | 教职工职业发展 |  |  |  |  |  |  |  |  |  |  |  |  |  | — | — |
| 4个主题 | 12个分主题 | 9 | 8 | 8 | 6 | 4 | 3 | 2 | 2 | 2 | 2 | 1 | 1 | 1 | 0 | 0 |
|  | 67个指标 | 20 | 11 | 7 | 11 | 4 | 4 | 2 | 2 | 1 | 2 | 1 | 1 | 1 | 0 | 0 |

×评价体系中包含该主题；⊡评价体系中暗含该主题；⊠评价体系中包含该主题，并且至少包含两个分主题。

参与维度——公众方面的主题和分主题（按评价体系包含各分主题的数量从左到右的顺序）　表3-31

| 评价主题 | 分主题 | 日本 ASSC (3) | 非洲 USAT (14) | 荷兰 AISHE (1) | 美国 STARS (10) | 智利 AMAS (2) | 联合国 Toolkit (13) | 国际型 GASU (5) | 中国 ASGC (15) | 美国 PSI (8) | 国际型 SAQ (9) | 国际型 SUM (11) | 加拿大 CSAF Core (4) | 印尼 GM (6) | 英国 P&P (7) | 葡萄牙 SusHEI (12) |
|---|---|---|---|---|---|---|---|---|---|---|---|---|---|---|---|---|
| 校外活动 | 活动/项目 | × | × | × | — | × | — | — | — | — | — | | — | — | — | — |
| 当地与社区服务 | 合作关系<br>影响评价<br>志愿服务<br>防灾灭后教育<br>共享校园设施 | ☒ | ☒ | ☒ | ☒ | × | ☒ | ☒ | × | ☒ | ☒ | × | × | — | × | × |
| 公众参与 | 公共政策参与<br>网站信息发布 | × | — | × | × | × | × | — | × | — | — | — | — | × | — | — |
| 3个主题 | 9个分主题 | 6 | 4 | 4 | 3 | 3 | 3 | 2 | 2 | 2 | 2 | 1 | 1 | 1 | 1 | 1 |
| | 82个指标 | 30 | 13 | 6 | 6 | 4 | 4 | 4 | 3 | 2 | 2 | 4 | 1 | 1 | 1 | 1 |

×评价体系中包含该主题；☒评价体系中暗含该主题；☒评价体系中包含该主题，并且至少包含两个分主题。

## 2．评价内容分析结果

对15个典型性评价体系具体评价内容进行分析，结果如下。

### 1）治理维度

138个指标被归类为22个分主题，并归纳为10个主题。美国PSI、国际型GASU几乎涵盖所有的主题，其中，最具有普遍性的主题是"战略计划"（13/15），其次是"职员、专家"（10/15）和"管理构架"（9/15）。

### 2）运营维度

在运营—环境方面，418个指标被归类为54个分主题，并归纳为14个主题。联合国Toolkit、日本ASSC和中国ASGC涵盖了其中绝大部分主题。大约三分之二的评价体系在环境方面包含相似的评价主题，例如"生态"（10/15）、"能源"（13/15）、"温室气体"（9/15）、"水资源"（12/15）、"废弃物"（13/15）、"建筑"（10/15）等。

在运营—社会方面，167个指标被归类为20个分主题，并归纳为3个主题。美国PSI、国际型GASU涵盖了所有主题，并提供了许多评价指标。"健康的学习与生活环境"（11/15）、"师生的人权保障"（9/15）是涵盖相对较多的主题，"社会与环境责任"（6/15）主题的涵盖相对较少。

在运营—经济方面，82个指标被归类为12个分主题，并归纳为5个主题。美国PSI、国际型GASU几乎涵盖所有主题。"可持续发展投资"（10/15）是涵盖较多的主题，而其他评价主题相对涵盖较少。

### 3）教育维度

84个指标被归类为9个分主题，并归纳为2个主题。非洲USAT和日本ASSC提供较多的主题和分主题。"学生可持续教育"（15/15）被所有体系或多或少地涵盖，相较于"教职工可持续培训"（9/15）涵盖程度更高。

### 4）科研维度

57个指标被归类为10个分主题，并归纳为3个主题。国际型GASU和日本ASSC提供了较多的主题和分主题。涵盖最多的主题是"对研究的支持"（11/15），其次是"可持续研究"（8/15）、"研究成果与实践"（7/15）。

### 5）参与维度

在参与—校园方面，67个指标被归类为12个分主题，并归纳为4个主题。非洲USAT、日本ASSC和美国STARS几乎涵盖所有分主题。最受关注的是"活动"（13/15）。

在参与—公众方面，82个指标被归类为9个分主题，并归纳为3个主题。日本ASSC涵盖所有主题。最受关注的是"当地与社区服务"（14/15）。

此外，本研究提炼出一些某个体系独有的分主题。它们源于对地域性特征的考虑（ASSC、ASGC），或者对评价趋势的倡导（GASU、Toolkit）。

### 3.4.4 评价体系类型与特点总结

基于对15个典型高校绿色校园评价体系的权重、主题和分主题的分析，研究对评价内容进行了更加清晰的梳理。一方面，评价体系在环境方面体现出较多的共同性；另一方面，评价体系根据其自身特点，在某一或几个维度有所侧重。通过对比可以得出以下特征：在15个典型评价体系中，应用于绿色校园较为初级发展阶段的评价体系，其权重往往侧重于某一个方面，即采用相对单一的驱动力推动绿色校园建设；而应用于绿色校园较为成熟发展阶段的评价体系，往往具有多个侧重点，或者体现出较为均衡的权重分布，从而以综合性的驱动力推动绿色校园建设（表3-32）。

由此看出，评价体系作为区域或全球绿色校园建设方向的引导者，其权重分布与绿色校园发展的阶段与应用程度有很强的相关性，评价体系所处的绿色校园发展阶段及主要目的对其权重与内容侧重具有"定位"作用。

经过三十多年的发展，高校绿色校园评价体系仍然在持续地发展更新与迭代，近几年，应用于绿色校园发展的初级评价体系正在不断丰富，尤其是初级阶段的区域型评级体系的研发更受重视，体现出各个国家与地区对于绿色校园发展导向与路径的思考，这些评价体系为我国评价体系的设计带来宝贵的经验。

#### 1．整体定位

通过国内外评价体系的主要目的与应用阶段分析，可以确定我国评价体系所处的阶段与位置，并可进一步对评价体系的基础设置进行遴选，从而指导评价体系的设计与应用。

#### 2．确定评价内容与趋势

在确定绿色校园整体发展阶段及主要评价目的后，通过对相似阶段体系的分析，可以对我国评价体系重点维度的选取、权重分布、评价内容进行预判。

#### 3．遴选评价元素

通过大量评价体系及内容的分析，可以向全球型、区域型评价体系学习，遴选适用于我国的组成元素；可以借鉴全球型评价体系的特点，知悉全球的重点、普遍价值观；以及学习与我们具有共性的区域型评价体系，设置具有特色、适用性的评价体系。

| 类型 | 目的 | 评价体系 | 背景/焦点 | 权重分布类型（涵盖维度数量） |
|---|---|---|---|---|
| 区域型+初级阶段 | （3） | 智利<br>AMAS（2） | — | 单一驱动力（5） |
| | | 葡萄牙<br>SusHEI（12） | 以教育科研为出发点 | 单一驱动力（4） |
| | （3）（5） | 非洲<br>USAT（14） | 参照SAQ、AISHE、GASU | 多个驱动力（4） |
| | （5） | 中国<br>ASGC（15） | — | 单一驱动力（4） |
| 全球型+初级阶段 | （2） | 国际型<br>SAQ（9） | — | 多个驱动力（3） |
| 全球型+初级及成熟阶段 | （1） | 印尼<br>GM（6） | 为全球大学提供调研依据 | 单一驱动力（5） |
| | （4） | 联合国<br>Toolkit（13） | — | 单一驱动力（5） |
| | | 国际型<br>SUM（11） | — | 均衡的（5） |
| | | 荷兰<br>AISHE（1） | — | 多个驱动力（4） |
| 区域型+成熟阶段 | （4）（5）（6） | 日本<br>ASSC（3） | 参照STARS、UNImetrics、AUA | 均衡的（5） |
| | | 美国<br>PSI（8） | 聚焦于环境、社会主义 | 多个驱动力（3） |
| | | 加拿大<br>CSAF Core（4） | 改编于CSAF | 多个驱动力（5） |
| 全球型+成熟阶段 | （5） | 国际型<br>GASU（5） | 改编丁GRI | 多个驱动力（4） |
| | | 美国<br>STARS（10） | — | 单一驱动力（5） |
| | （1） | 英国<br>P&P（7） | 聚焦于环境、道德表现 | 多个驱动力（4） |

注：（1）排名；（2）引起绿色意识；（3）确定绿色校园发展的整体情况；（4）制定绿色校园发展策略、流程；（5）确立比较基准线；（6）传播。

## 3.5　本章小结

高校绿色校园的建设在全球范围内不断受到关注，也衍生出了丰富的评价体系。本章通过系统性的筛选，从既往文献中查找到73个高校绿色、可持续校园评价体系，并遴选出15个具有典型性的评价体系，横向比较其基本信息、权重与内容、类型与特点，分析其整体趋势与可借鉴特征，从而为我国评价体系的设计与更新提供参考与依据。

1）通过对15个典型性评价体系基本信息的梳理，从整体性的角度将其按照评价的应用范围、主要目的及应用阶段进行分类，分析应用于区域的、全球的，可持续发展初级和成熟阶段的评价体系的主要目的和基本设置，为我国评价体系提供阶段、功能与特征等方面的参考。

2）比较典型性评价体系的权重分布与具体评价内容，将其按照治理、运营、教育、科研、参与5个维度进行重新归类，通过层层递进的分析，分析评价体系的权重分布情况、分布特点及评价内容的差异性；整体上，各评价体系在运营环境方面有着较多的共识，而在其他维度的权重与内容上体现出较大的差异性。

3）结合评价体系的基本信息及权重分析结果，可以得出评价体系的权重分布与其环境、评价目的与应用阶段、背景或聚焦方面相关；应用于绿色校园初级发展阶段的评价体系，其权重往往侧重某一维度，以单一驱动力为主要评价与发展依据，而应用于发展较为成熟阶段的评价体系，其权重往往强调多个维度，或表现出较为均衡的状态。整体看来，应用于绿色校园发展初级阶段的区域型评价体系正在逐步丰富；基于评价体系基本特征的分析，可以为我国评价体系构建的整体定位、评价内容和趋势，以及特征元素遴选提供参考与依据。

第 **4** 章

基于问题和目标导向
相统一的高校绿色
校园评价体系构建

本章基于问题和目标导向相统一的原则，以第2章京津冀代表性案例归纳的现阶段绿色校园主要问题为依据，结合第3章典型性国内外成熟评价体系分析提炼的特征与趋势，确定我国评价体系的主要目的，通过原则、方法与流程构建，组成元素确定、框架构建、内容筛选、耦合机制分析与权重赋值层层推进评价体系的构建。基于绿色校园主要评价目的吸纳既有评价体系优点，针对京津冀高校，建立一套回应现状问题，引导未来目标，匹配发展需求的高校绿色校园综合评价体系。

# 4.1 绿色校园评价体系的构建原则

评价体系的构建原则体现对评价整体目标、导向、研究路径的引导与约束。基于问题和目标导向相统一的构建原则，本研究评价体系的设计深入京津冀校园的建设现状，并发掘绿色校园发展方向的转变，从而在问题和目标之间探索评价的发展模式与路径。

## 4.1.1 问题和目标导向相统一的构建原则

在本研究中，"问题和目标导向相统一的构建原则"是指将制约京津冀高校绿色校园发展的主要因素与发展的综合性目标相结合，为我国评价体系的构建提供方向与元素，明确评价体系的主要目的与内容；应对现阶段绿色校园发展的问题与应用瓶颈，建立综合性的评价体系从而多维度引导绿色校园建设，为校园的可持续发展提供工作路径。

## 4.1.2 可实施、可推广、可持续原则

基于问题和目标导向相统一，结合第2章、第3章的分析结果，本研究对京津冀地区高校绿色校园建设的优势、劣势、机遇与挑战进行分析，从而提出高校绿色校园评价体系构建的可实施、可推广、可持续原则。

**1. 可实施——绿色校园评价目标从关注环境到更综合的绿色目标**

一方面，从高校绿色校园建设的政策与实践角度，均可以看出我国对更加综

合性绿色校园建设目标的倡导，在节约型校园取得一定进展的基础上，以校园环境优化提升为主要目标的建设方式不能达到更深层次、完整的可持续发展目标，也未能充分发挥校园自身的教学、科研特点，不能充分、高效地推动绿色校园的实施。另一方面，通过对国内外典型性评价体系比较，可以看出应用于更成熟阶段的体系呈现出多维驱动力共同推动绿色校园发展的趋势。

高校绿色校园评价目标正在向更加完整、综合的方向转变，在以节能节水为"抓手"的基础上，进一步通过多维度共建，推动高校绿色校园评价的可实施，从而突出高校校园作为可持续发展的参与节点所起到的重要作用。

**2．可推广——评价方式兼顾不同状态的绿色校园**

在我国节约型示范校园取得一定成果的同时，仍然需要关注绿色校园建设的整体基底、进度与深度的差异性。相当数量基底较为薄弱、绿色化能力及动力不足的校园亟需引导。因此，绿色校园评价体系的构建不仅需要体现对于建设"先行者"的前瞻性引导，而且应兼顾不同建设状态的校园，给予尚未进入绿色化进程的校园鼓励与推动，实现评价的可推广。

绿色评价作为设计的重要环节，通过对关键指标的遴选，对评价方法与流程适用性的提升，可指导校园的基础信息收集、系统优化设计、方案实施等环节，为设计提供综合性思考路径与方向以及便捷明确的判断依据，引导高校系统性优化绿色设计方案。

**3．可持续——评价结果对于实践更具有指导性**

绿色校园评价体系的制定是在明确现阶段主要发展目标与方向的基础上，通过遴选核心评价元素将抽象的目标具体化，作为理论与实践的桥梁，缩小概念性目标与实践之间的差距；因此，绿色校园评价体系应具有积极的指导与引导意义，其组成元素与内容不仅应突出绿色校园建设的要素，而且应包含对实施策略与流程的引导，从而指导实践。

基于"问题+目标"的双向推导方式，本研究评价体系引导高校不仅着眼于解决眼前问题，而且应兼顾未来发展目标，从而推动校园的持续绿色化发展。

# 4.2 绿色校园评价体系的构建步骤

## 4.2.1 评价体系构建的技术路线

### 1．既有研究技术路线梳理

本研究对国内外典型性高校绿色、可持续校园评价体系的技术路线进行梳理[20][233][246][247][197]，可以总结出评价体系构建、改造、应用及更新的一般流程，并结合实际提出本研究的技术路线。

首先，对既有评价体系的梳理与比较是评价体系应用或者构建的基础；然后对比评价体系的目的、评价对象，以及对于目标校园的适用性，从而判断既有评价体系是否能直接应用。

其次，如果既有评价体系不能直接应用，但借鉴性比较强，则可在此基础上进行局部性改造，并确定或优化具体的指标与权重，测试并应用于目标校园；或者，既有评价体系仅在局部适用性较强，则可以在学习现有评价体系的基础上，根据评价对象的特点与需求，重新设计新的评价体系。

**2．本研究评价体系构建的技术路线（图4-1）**

**1）问题分析**

基于问题导向，分析我国绿色校园建设现状，深入京津冀地区代表性高校案例，通过调研、文献、专家意见收集等多源数据对比，概括并总结京津冀高校绿色校园建设现状与主要问题。

**2）目标设定**

基于目标导向，分析国内外典型性绿色校园评价体系的特征，横向比较其主要评价目的与适用阶段、基本设置、权重与内容；从而定位我国评价体系所处的绿色校园发展阶段与主要目的，并遴选可借鉴组成元素，为评价体系的构建提供依据。

**3）元素提炼**

基于问题和目标导向相统一的原则，分析京津冀绿色校园的问题与发展趋势，在已有研究的基础上，结合相关领域专家的经验，分析与提炼我国评价体系的特征与元素，为评价体系的设计提供指导。

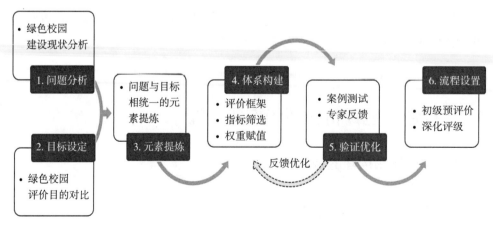

图4-1　高校绿色校园评价体系构建的技术路线图

### 4）体系构建

结合国内外绿色校园评价体系的基本构架，以京津冀为例，从高校的核心功能、绿色校园主要内容与利益相关者权责出发，提出新的高校绿色校园评价框架，注重校园的物质环境、动态运营、师生行为的综合作用机制。

评价指标的筛选结合国内外评价体系的发展趋势、评价内容、京津冀地区绿色校园的实际情况，以评价体系的构建原则为约束，筛选具体的评价内容、指标与基准线。

权重赋值采用主客观相结合的方式，首先使用系统动力学方法分析评价体系内部耦合关系，然后采用层次分析法（AHP）和熵权法的组合赋权方法，综合主客观结果完成评价体系赋权。

### 5）验证优化

评价验证通过校园案例实测验证、专家反馈验证结合的方式，使理论研究与实证相结合，验证评价体系的科学性、合理性；并提出具体的优化方向，为高校绿色校园评价提供完整与清晰的指导。

### 6）流程设置

在评价体系设计及验证完成后，基于优化建议，构建体系的两级评价方法与流程——"初级诊断"和"深化评级"，系统性设置并阐述两级评价方法的分级化应用对象、阶梯化流程以及类型化结果，为评价的实施提供详细的说明与配套，从而为不同绿色化程度的高校提供使用清晰、便捷的评价流程。

## 4.2.2 评价专家的选取与参与

高校绿色校园综合评价体系元素确定、体系构建、测试反馈等流程在综合分析的基础上，邀请绿色校园相关领域专家进行评价与反馈，力求从跨学科、不同利益相关者的视角科学地构建评价体系，相关专家主要来自三个渠道。

紧密合作专家——作者所在高校、合作高校、相关研究与管理机构绿色校园的研究者、实践者；合作专家——由紧密合作专家推荐、介绍的相关领域的研究者、实践者；相关专家——知网近3年（2017—2019年）发表京津冀绿色校园相关研究的学者。

首先，对紧密合作专家进行邀请，共邀请到20位专家意愿全程参与，回复率约为80%；然后，对合作专家及相关专家进行邀请，共邀请到14位专家意愿全程参与，回复率约为35%。通过对专家研究领域、研究时长、参与意愿、时间安排综合考虑，本研究组建34人核心专家组（图4-2），涵盖绿色校园决策者、管理者、设计者、使用者；男女比例为1：1；专家参与相关研究与实践时长均为2年

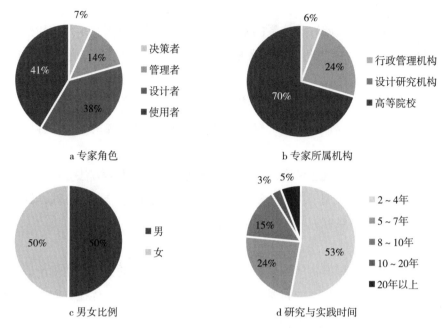

图4-2 核心专家组基础信息（34人）

以上，其中超过5年的占比超过55%。

专家意见收集以在线形式开展，运用腾讯文档平台在线文档进行，34位专家被随机分为两组，T组与K组，每组17位专家，每位专家被分配到一个序号，对应表格中特定栏。每次意见收集，各位专家仅在自己对应栏答题反馈，同时可以浏览同组内其他专家的建议，从而增加反馈的互动性，便于专家之间交流意见。

第一轮专家意见反馈于2020年3月15日至5月22日进行，共收到31份意见，基于第2章、第3章的主要分析结果向专家提供基础资料，专家对京津冀校园发展现状进行分析，并对评价体系基本元素进行判断与反馈。第二轮意见反馈于2020年6月1日至6月7日进行，共有29位专家参与，基于第一轮的反馈，以及第4章的主要分析结果向专家提供基础资料，专家对评价体系的主要目的、权重分布、主要内容进行遴选，并深化第一轮的讨论结果。第三轮为基于层次分析法的评价体系权重赋值，于2020年12月1日至12月31日开展，共收到25份完整答卷。第四轮专家意见反馈于2021年6月30日至8月15日进行，基于第4章、第5章主要结果，专家对评价体系内容、流程及评价细节进行意见反馈，完成对评价体系的验证与优化。

# 4.3 绿色校园评价体系组成元素的确定

## 4.3.1 评价体系的主要目的

通过专家反馈意见，肯定本研究对现阶段绿色校园发展方向的分析，并确定评价体系构建的基本元素。首先，对绿色校园建设的阶段进行判断，几乎所有专家（97%）认为京津冀高校整体仍处于绿色校园建设的初级阶段。然后，通过在线专家意见收集，根据既有评价体系所处的阶段及目的，选择与确定我国绿色校园评价体系的主要目的，T组与K组专家对评价目的选择非常一致，认为新的评价体系主要有以下三种目的。

### 1. 确定绿色校园发展的整体情况

90%的专家选择本项评价目的，如同许多应用于绿色校园发展初级阶段的评价体系，我国评价体系首先应帮助校园及利益相关者确定高校的整体绿色化发展状态，作为进一步确定评价基准的依据，也作为相关政策制定的参考。

### 2. 建立绿色校园比较的基准线

83%的专家选择本项评价目的，新评价体系延续《绿色校园2019》的主要目的，通过评价基准线的建立，可以深入分析绿色校园的发展现状，并按基准将绿色校园进行分类，确定校园的具体发展水平。

### 3. 制定绿色校园发展策略与流程

72%的专家选择本项评价目的，无论是对于发展初级还是成熟阶段的绿色校园，策略型工具同样重要；评价也是发现问题、提出解决方案的过程，通过评价制定下一步发展计划、规划具体的方向，进一步指导绿色校园的建设。

## 4.3.2 评价体系的基本设置

### 4.3.2.1 评价对象

我国绿色建筑相关评价体系的更新体现出对"运行评价"的重视，且国外典型绿色校园评价体系的评价对象多为建成且处于运行阶段的校园，因此，本研究的评价对象为"校园主体部分连续运营12个月以上的校园"，注重对评价周期内校园整体运营状态的评价，并期望在理想的状态下，不同建设时期、不同基底的校园在持续性的改造更新过程中，逐步迈向更高水平的绿色校园，体现其全生命周期的绿色化进程，并最终趋近于理想状态的发展目标。

#### 4.3.2.2 指标类型

绿色校园评价指标类型以定量指标为主，尤其是对环境相关的指标（如能耗、水耗、用地指标、绿地率等方面），通过量化评价，可较为准确地判断校园状态。但考虑到我国高校的实际情况，截至2017年，全国已有超过300所大学列入校园节能监管平台建设（约为高校总数的11%），100多所大学校园节能监管平台通过验收[39]，能够较为准确地提供能耗数据的校园仍比较有限。本研究通过两轮专家意见收集与反馈，认为在高校校园数据不完整、不足的情况下，可采取以下代替性措施进行合理的量化评价。

1）当相关评价数据不足时，可以降低数据要求，并给予部分得分。例如，若校园尚未建设能耗监测平台，可提供相关数据进行能耗测算，并提供具体计算依据与方法，如英国P&P中的评分方法。

2）当数据精度不足时，可采用更加宏观的数据进行代替性测算，并给予部分得分。例如，当没有准确分项计量数据时，可采用总量进行合理测算，如碳足迹计算，可进行一定简化，并提供具体计算依据。

此外，评价过程中也同样鼓励提供更加精准的数据。

3）当数据更充足、精细程度更高时，可以通过提供更加精准的数据与计算过程，获得一定的额外加分。如日本ASSC部分指标吸纳了美国STARS的指标内容，若按照美国STARS的要求提供详细数据，可获得额外得分。

#### 4.3.2.3 评价与验证方式

自评价已经成为一种普遍的评价方式，评价体系通过提供详细的评价手册、计算表格、在线申报工具等方式为高校提供便捷的参与途径。因此，本研究参考美国STARS、日本ASSC的特点，评价体系通过提供清晰、详细的评价说明，以及快捷、高效的评价计算工具，为正式申报与非正式申报提供评价路径，鼓励高校以自评价的方式参与申报，提高高校参与的自主性与便捷性。

在正式申报中，为了保障高校的诚信申报，采用提供校长推荐信、承诺书等方式约束各个部门如实提供准确、真实的评价信息。评价的验证方式主要是通过机构认证的评价人员、专家组、第三方机构核查等，进一步检验资料的真实性、评价的准确性，并公开发布评价结果，生成正式评价报告。

在非正式申报中，可根据高校提供的信息参与评价，但不进行承诺约束与验证，生成非正式的建议性报告，供高校参考（图4-3）。

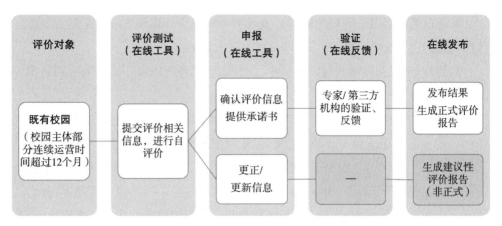

图4-3 高校绿色校园综合评价体系的在线评价申报与验证流程

### 4.3.2.4 评价周期与结果发布

评价周期参照国际比较常见的方式，有效期为3年；在确认申报后，评价结果审核周期为1至3个月，通过提供正式的评价报告及在线发布评价结果完成评价；此外，高校可随时通过信息平台更新信息，并得到非正式的建议性评价报告；自上次评价完成12个月之后，高校可再次申报更新评价结果，或者在有效期结束时再次申报（图4-4）。本体系通过高效、快捷的评价审核，以及有效期限定，鼓励高校持续性地参与评价，不断深化绿色化水平。

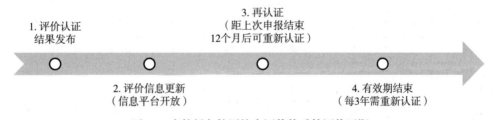

图4-4 高校绿色校园综合评价体系的评价周期

## 4.3.3 评价体系的权重范围

评价体系权重赋值经过两组专家两轮反馈，通过3个问题反复讨论并确定整体权重范围，作为后续参照。这3个问题的设定不仅考虑环境维度权重，也综合考虑各个维度权重，以及实践应用3种不同场景，然后对各维度进行权重赋值。

问题1. 您认为在绿色校园评价中，"较理想的环境维度"的权重是多少（整体为100%）？

在仅仅考虑运营—环境维度时，大部分专家认为环境维度应占据最大权重，选择权重比例为60%~70%以及70%~80%的人数最多。

问题2. 您认为在绿色校园评价中，"较理想的各个维度"的权重分别是多少（整体为100%）？

在综合各个维度的权重时，专家们给出的结果相对问题1更加均衡，其中三分之一的专家对于运营—环境维度的权重赋值有所下降，通过平均值可得到以下权重范围（表4-1）。相较于《绿色校园2019》，此次专家反馈得到的权重在运营—环境方面有所下降（-20%），而增加到运营—经济（+7%）、治理（+6%）、科研（+4%）、运营—社会（+2%）以及参与—校园（+1%）方面。相较于9个处于初级绿色校园阶段体系的平均值，专家反馈权重体现了对于运营—环境方面的较高重视，以及对经济、社会方面的重视。相较于15个体系，专家权重赋值在注重环境方面的同时，均衡性有一定提升。

**新评价体系的五维权重分布（专家平均值）**　　　　表4-1

| 维度 | | 权重（专家赋权区间） | 权重（专家平均值） | 平均值与《绿色校园2019》的变化 | 平均值与9个初级阶段评价体系比较 | 9个处于初级阶段评价体系平均值 | 15个评价体系权重区间 |
|---|---|---|---|---|---|---|---|
| 1. 治理 | | 2%~15% | 8% | +6% | -8% | 16% | 2%~34% |
| 2. 运营 | 环境 | 45%~65% | 53% | -20% | +27% | 36% | 11%~73% |
| | 社会 | 3%~12% | 9% | +2% | +2% | 7% | 0~36% |
| | 经济 | 3%~15% | 7% | +7% | +3% | 4% | 0~21% |
| 3. 教育 | | 1%~13% | 6% | 0 | -5% | 11% | 1%~23% |
| 4. 科研 | | 1%~14% | 6% | +4% | -2% | 8% | 0~20% |
| 5. 参与 | 校园 | 1%~14% | 7% | +1% | -1% | 8% | 0~24% |
| | 公众 | 1%~9% | 4% | 0 | -6% | 10% | 0~9% |

问题3. 假设您是某高校未来5年绿色校园发展的决策者，以1000万元总投资为例：您会重点发展以下哪个维度？请标注，1——第一重要，2——第二重要，3——第三重要……

在以绿色校园投资决策为例时，绝大部分参与评价的专家（20/29）认为运营—环境维度最具重要性；其次是运营—经济维度（12/29），以及治理维度（11/29）。说明在注重校园环境运营的同时，绿色校园建设的经济效应、整体治理策略与方式也受到更多关注。

### 4.3.4 评价体系的内容比选

基于第3章对15个典型性国内外绿色校园评价内容的分析，本研究以治理、运营、教育、科研、参与5个维度为出发点，将1051个评价指标的具体内容进行梳理，归类为148个分主题，并总结出44个评价主题。

在第二轮专家意见收集中，两组专家根据京津冀高校绿色校园评价需求，对这些评价内容的重要性进行打分，以五级李克特量表评分（1为非常不重要，5为非常重要，以此类推），评分反映出两组专家对大部分主题的评价意见相对统一。整体看来，这44个评价主题重要性得分均为4.0上下，说明其对于京津冀校园比较重要，其中运营—环境维度几乎全部处于4.0及以上得分；而其他维度均存在个别评分相对较低的主题，平均分在3.4~3.9之间，说明对于现阶段京津冀绿色校园评价的重要性相对较低，可以筛选或减弱其分值。

## 4.4 绿色校园评价体系的构建

### 4.4.1 评价体系框架的构建

#### 1. 高校的核心功能

高校绿色校园的建设体现在高校自身核心功能在绿色可持续发展中起到的重要作用。环境、经济和社会是可持续发展的三个核心维度，科学研究、人才培养和社会服务是大学的核心功能[248]。可持续发展核心维度与大学核心功能相结合，形成三个主要方面。因此，本研究构建的高校绿色校园评价主要维度具体是"绿色建成环境""绿色运营管理"和"绿色参与行动"，突出以高校为基点的绿色发展作用（图4-5）。

#### 2. 绿色校园利益相关者的参与

绿色校园的评价是对一段时间内校园各部分整体状态的综合性判断，这一状态是校园内部、外部主要利益相关者长期博弈、互相作用的阶段性结果。在校园运营中，各

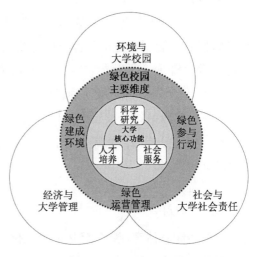

图4-5 高校核心功能与可持续发展维度的结合

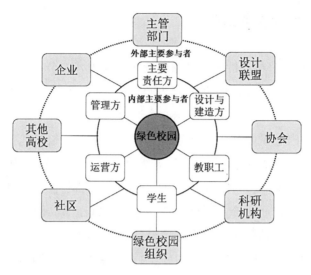

图4-6 高校绿色校园建设的主要内部、外部参与者

类利益相关者的参与至关重要，其主要分为外部参与者及内部参与者，内部参与者对校园运营状态起到更加直接的影响作用。充分考虑各类参与者的视角与需求，以及对绿色校园系统的作用机制，将会更合理、协调地推进绿色校园发展（图4-6）。

### 3．绿色校园的主要建设内容

将绿色校园建设的主要内容与内部参与者的主要权责相匹配（图4-7）。校园的主要责任方（领导者、决策者）、设计与建造方通过设计决策与实施对绿色校园的建成环境起到主要作用；校园的管理方（基建部门）、运营方（后勤部门）主要负责校园的运营管理状态；学生与教职工主要通过自身的意识、行为直接参与校园的使用，并通过多元的方式影响绿色校园的建设。

### 4．高校绿色校园评价框架

基于上述分析，本研究选择性地吸纳国外高校绿色校园的五维框架，并从高校的核心功能、利益相关者与绿色校园建设内容的关系出发，构建由"建成环境—运营管理—师生参与"三维子系统组成的高校绿色校园综合评价框架（图4-8）。强调高校绿色校园建设的综合性目标，注重多维度共同推动绿色校园综合目标的实现，结合校园主要利益相关者对于绿色校园体系的共建作用以及权责分配，构建分层综合框架，力求为京津冀地区高校绿色校园的评价提供清晰、合理的评价路径。

三个维度的主要内容如下。

### 1）建成环境

高校校园整体客观物质环境的绿色化建设程度与状态，主要包括校园场地、设施及建筑三个方面。

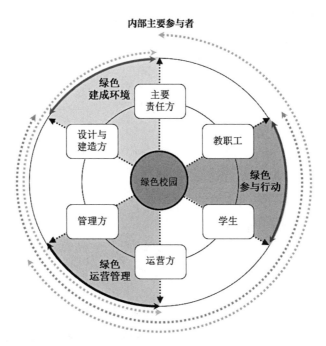

图4-7 高校绿色校园建设的主要内容与主要内部参与者

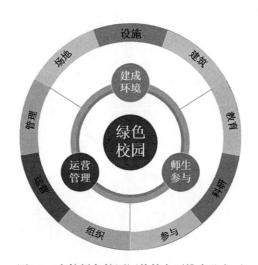

图4-8 高校绿色校园评价的主要维度及方面

2）运营管理

一定时间内，校园利益相关者与校园客观物质环境共同作用下的校园整体运营状态，主要包括组织、运营及管理三个方面。

3）师生参与

校园利益相关者通过主动或者被动的方式共同建设绿色校园，在校园内外起到积极影响作用的方式与程度，主要包括教育、科研、参与三个方面。

本研究根据评价维度，通过评价主题的遴选构建我国高校绿色校园综合评价框架，形成系统性的分层体系（图4-9）。

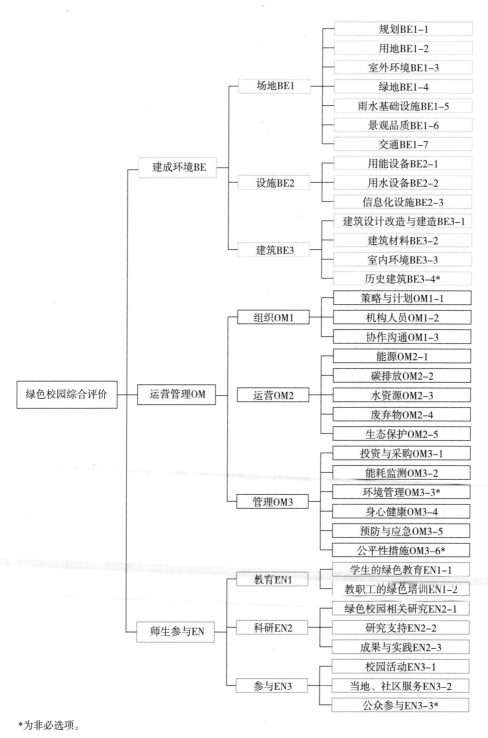

规划BE1-1
用地BE1-2
室外环境BE1-3
场地BE1　绿地BE1-4
雨水基础设施BE1-5
景观品质BE1-6
交通BE1-7

建成环境BE

用能设备BE2-1
设施BE2　用水设备BE2-2
信息化设施BE2-3

建筑设计改造与建造BE3-1
建筑BE3　建筑材料BE3-2
室内环境BE3-3
历史建筑BE3-4*

策略与计划OM1-1
组织OM1　机构人员OM1-2
协作沟通OM1-3

能源OM2-1
碳排放OM2-2
运营OM2　水资源OM2-3
废弃物OM2-4
生态保护OM2-5

绿色校园综合评价　运营管理OM

投资与采购OM3-1
能耗监测OM3-2
管理OM3　环境管理OM3-3*
身心健康OM3-4
预防与应急OM3-5
公平性措施OM3-6*

教育EN1　学生的绿色教育EN1-1
教职工的绿色培训EN1-2

绿色校园相关研究EN2-1
科研EN2　研究支持EN2-2
成果与实践EN2-3

师生参与EN

校园活动EN3-1
参与EN3　当地、社区服务EN3-2
公众参与EN3-3*

*为非必选项。

图4-9　高校绿色校园评价的框架

### 4.4.2　评价指标的筛选原则

在构建评价框架、确定评价体系基本组成元素的基础上，本研究通过制定指标筛选原则，遴选、改造、更新具体内容以适用于我国高校校园。在具体评价指标的筛选上，许多研究者通过提出筛选原则来确定基本指标集合，这些原则注重指标本身的性能，以及指标在评价体系中起到的积极作用。在综合既有原则后[230][84]，本研究进一步提炼评价指标的筛选原则。

#### 1. 指标具有明确性与典型性
指标可以清晰、准确地描述特定评价现象，概括、把握评价现象的短期或者长期主要特征，在时间和空间上具有可比性，并能够被指标的使用者及社会大众正确地理解。

#### 2. 指标评价基于可获取、可测量的数据
指标评价的数据是可获取、可测量的高质量数据，可以进一步进行量化评价，能够进行横向（不同高校校园之间）和纵向（同一校园不同周期之间）的比较，并有助于使用者、运营者、决策者采取行动。

#### 3. 指标兼顾整体与局部的相互关系
指标的选取应与整体评价目标对应，与当地和全球绿色校园发展的核心内容密切相关，关注指标之间的作用关系，相互衔接从而高效地评价对象，相互差异从而避免重复性评价。

#### 4. 指标关注绿色校园的目标、实践路径与态度
指标的选取以评价性能、绩效为主，同时也兼顾措施评价，引导绿色校园发展的价值取向，提供参照性发展路径、反映高校的改革与推动能力，鼓励高校的持续性绿色化建设。

### 4.4.3　评价指标与基准线设置

根据评价体系设计原则、指标筛选原则，本研究基于国内外15个典型性高校绿色校园评价体系所构建的包含1051个指标的数据库，遴选并整合出77个评价指标，根据功能分为信息项、控制项、评分项、加分项四类。

信息项——根据要求提供基础数据，一般不参与评分，其中个别信息项可通过提供详细测算过程获得1分加分；控制项——应满足的基本条件，不参与评分；评分项——根据条款确定得分分值或者不得分；加分项——根据条款确定是否额外得分，但总得分不超过设置的上限。

总分计算如下。

首先根据指标选项判断各个指标的初始得分$S'$，再根据指标权重换算得到每个指标的最终得分$S$。

根据指标得分$S$分别求和得到建成环境得分值（$S_A$）、运营管理得分值（$S_B$）、师生参与得分值（$S_C$）、创新部分得分值（$S_I$），以及总得分（$S_S$）；并通过除以各个维度的总分得到三个主维度得分比例$M_A$、$M_B$、$M_C$，以及9个子维度得分$M_R$（$M_R$表示任一子维度），$M_I$为$S_I$与评价体系总分比值。

整体得分通过得分比例进行总分计算，在权重赋值完成后，设置三个主维度的权重分别为$w_A$、$w_B$、$w_C$；并按照权重赋值计算总分得分比例$M_S$，详细步骤如图（图4-10）。

| 初始指标得分$S'$ | 最终指标得分$S$ | 各分项得分比例 | 总分得分比例$M_S$ |
|---|---|---|---|
| 根据指标选项判断并计算（参照4.4.3） | 在$S$基础上，进行权重换算（参照4.5.5） | $S$与对应分项加权后得分的比值 | $M_S = M_A \times w_A + M_B \times w_B + M_C \times w_C + M_I$ |

图4-10　高校绿色校园评价体系总分计算

### 4.4.3.1　准备信息

在进入正式评价之前，评价体系首先对参评校园的基本情况进行收集，从而能够快速掌握高校的基本信息。综合国内外权威性、具有普遍认同性的评价体系的基础信息指标，本研究构建准备信息部分（表4-2），作为评价的前置条件。

绿色校园综合评价体系——准备信息部分　　　　　表4-2

| 主题 | 分主题 | 序号 | 指标内容 | 具体描述 | 指标类型 | 指标/基准线参照 |
|---|---|---|---|---|---|---|
| 准备信息 | 基础信息G | G1 | 诚信声明 | 承诺书（由校长、管理层签字保证信息真实的承诺） | 控制项 | 美国STARS<br>印尼GM<br>日本ASSC<br>中国ASGC |
| | | G2 | 高校类型 | 1. 办学层次（本科/专科）<br>2. 学科类型（理工类/综合类/…）<br>3. 主管部门（教育部/省、市、自治区/其他部委…） | 信息项 | |
| | | G3 | 气候与场地条件 | 1. 高校所处气候区<br>2. 参评校区位置与边界范围 | 信息项 | |
| | | | | 3. 选址符合相关国家标准、所在地城乡规划、各类保护区及建设控制要求；规划布局应符合国家现行相关标准规定<br>4. 校园内主要建筑与设施等应建成、投入使用不少于1年，且应有详细的运营记录 | 控制项 | |

| 主题 | 分主题 | 序号 | 指标内容 | 具体描述 | 指标类型 | 指标/基准线参照 |
|---|---|---|---|---|---|---|
| | | G4 | 师生人数 | 1.各类在校生人数<br>2.教职工人数 | 信息项 | |
| | | | | 1.生均校园占地面积<br>2.生均核心教学区占地面积(除去教职工居住区)<br>3.生均校园建筑面积<br>4.建筑密度与容积率 | 信息项 | 美国STARS<br>印尼GM<br>日本ASSC<br>中国ASGC |
| | | | | 官网、官方文件中已经发布的绿色校园相关发展目标 | 信息项 | |
| | | | | 正式签署的绿色、可持续发展相关的宣言与承诺 | 信息项 | |

高校校园环境基底差异性大,规划布局合理性、环……内容的构建在延续《绿色校园2019》主要内容(声……要求等)的基础上,新增"空间使用效率优化";……7.绿地指标,10.景观与生物多样性,13.校园内部……5.历史建筑保护再利用"的具体内容,进一步整……及基准线参照(表4-3),并突出以下特点。……性的规划设计,从而持续性推动建成环境优化。……境条件,并鼓励校园向更高水平绿色环境提升。……能与状态,兼顾相关措施普及范围及深度。

……校在节约型校园建设的号召下取得一定成效,但……的差异性大、短期性建设行为较多、长期性动力不……内容的构建在注重《绿色校园2019》运营部分内容……营管理方式等)的同时,新增碳排放指标,强调高校对校园整体碳排放的初步核算,鼓励增加核算精度,并实施减排措施;注重系统性构建运营管理内容,新增"1.组织"与"3.管理"主题,重构及优化具体内容及选项,突出组织结构的建立、专业人才的聘用及机制的保障;增加投资与采购内容,突出高校自主性多渠道获取资金,并进一步整合、量化、清晰化描述指标选项及基准线参照(表4-4),并注重以下特点。

表4-3

## 绿色校园评价体系——建成环境部分

| 主题 | 分主题 | 序号 | 指标内容（总分） | 具体描述 | 评分逻辑 | 选项 | 得分 | 指标基准线参照 |
|---|---|---|---|---|---|---|---|---|
| 场地 BE1 | 规划 BE1-1 | 1 | 整体规划（4分） | 包含校园主要建筑与设施（道路、水电网络、交通、垃圾运送等）的CAD图纸 | — | — | — | 中国ASGC 日本ASSC |
| | | | | 协调绿色校园各个系统的总平面设计整体规划，以及具体的设计原则 | 内容程度 | 根据内容涵盖程度和信息详实程度评级 | 4 | |
| | | 2 | 中长期专项规划（6分） | 综合安全规划：防灾避灾场地、疏散流线、引导标识，主要通行路径无障碍设计 | — | — | — | |
| | | | | 能源及水资源综合利用规划：编制中长期能源及水资源综合利用专项规划 | — | — | — | |
| | | | | 海绵校园规划：编制海绵校园规划或者方案 | — | — | — | |
| | | | | 交通规划：根据校园内外部交通关系，对主要交通流线与停车设施规划 | — | — | — | |
| | | | | 校园各项中长期规划的整体进展情况 | 进展情况 | 筹备阶段 | 2 | |
| | | | | | | 局部进行 | 4 | |
| | | | | | | 全面进行 | 6 | |
| | 用地 BE1-2 | 3 | 空间使用效率优化（6分） | 空间功能的合理布局与使用：考虑空间灵活使用、校园功能需求，功能之间的结合与统一规划，满足师生需求并提高空间使用效率 | 内容程度 | 基于现阶段空间使用情况，优化室内外空间功能布局 | 2 | 联合国 Toolkit 中国ASGC 绿色生态城区2017 |
| | | | | | | 校园内基础性服务设施充足布局合理（如打印店、超市、洗衣店等） | 2 | |
| | | | | | | 采取低影响措施优化校园空间功能，提高空间使用效率 | 2 | |

| 主题 | 分主题 | 序号 | 指标内容（总分） | 具体描述 | 评分逻辑 | 选项 | 得分 | 指标基准线参照 |
|---|---|---|---|---|---|---|---|---|
| 场地BE1 | 用地BE1-2 | 4 | 地下空间利用（5分） | 合理开发利用地下空间，地下建筑面积与地上建筑面积地的比例R_BE1 | 地下空间面积比例 | 3%≤R_BE1<5% | 1 | 联合国Toolkit |
| | | | | | | 5%≤R_BE1<10% | 2 | 中国ASGC |
| | | | | | | 10%≤R_BE1<15% | 3 | 绿色生态城区2017 |
| | | | | | | 15%≤R_BE1<20% | 4 | |
| | | | | | | R_BE1≥20% | 5 | |
| | 室外环境BE1-3 | 5 | 室外风环境（6分） | 根据校园所在地的冬夏季主导风向布置建筑物，校园风环境有利于冬季室外行走舒适及过渡季、夏季的自然通风 | 现状性能 | 冬季典型风速和风向条件下，建筑周围人行区距地高1.5m处风速低于5m/s，活动区风速小于2m/s，且室外风速放大系数小于2 | 3 | 中国ASGC |
| | | | | | | 过渡季、夏季典型风速和风向条件下，场地内人活动区无涡旋或无风区 | 3 | |
| | | 6 | 室外噪声环境 | 学校环境噪声应符合现行国家标准的规定 | — | — | — | |
| | 绿地BE1-4 | 7 | 绿地指标（12分） | 绿地率R_BE2：校园边界内各种（树木、灌木、草地等）绿化用地面积占校园用地总面积的比例 | 绿地率 | 20%≤R_BE2<30% | 1 | 中国ASGC |
| | | | | | | 30%≤R_BE2<35% | 2 | |
| | | | | | | 35%≤R_BE2<40% | 3 | |
| | | | | | | R_BE2≥40% | 4 | |
| | | | | 人均绿地面积R_BE3（米²/人）：校园内总绿地面积/（在校生人数+在校教职工人数） | 人均绿地面积 | 0.8≤R_BE3≤1.2 | 1 | 印尼GM |
| | | | | | | 1.2<R_BE3≤1.5 | 2 | |
| | | | | | | 1.5<R_BE3≤2 | 3 | |
| | | | | | | R_BE3>2 | 4 | |

| 主题 | 分主题 | 序号 | 指标内容（总分） | 具体描述 | 评分逻辑 | 选项 | 得分 | 指标基准线参照 |
|---|---|---|---|---|---|---|---|---|
| 场地 BE1 | 绿地 BE1-4 | 7 | 绿地指标（12分） | 植被覆盖率$R_{BE4}$：校园内树木覆盖面积占总占地面积的百分比 | 植被覆盖率 | 2%<$R_{BE4}$≤9% | 1 | 中国ASGC 印尼GM |
| | | | | | | 9%<$R_{BE4}$≤22% | 2 | |
| | | | | | | 22%<$R_{BE4}$≤35% | 3 | |
| | | | | | | $R_{BE4}$>35% | 4 | |
| | | 8 | 可透水地面比例（4分） | 校园表面可透水地面（除树木覆盖外）面积比例$R_{BE5}$：（如土壤、草地、透水砖等）所占校园用地总面积的百分比 | 可透水地面面积比例 | 10%<$R_{BE5}$≤20% | 1 | |
| | | | | | | 20%<$R_{BE5}$≤30% | 2 | |
| | | | | | | 30%<$R_{BE5}$≤40% | 3 | |
| | | | | | | $R_{BE5}$>40% | 4 | |
| | 雨水基础设施 BE1-5 | 9 | 年雨水径流总量控制率（9分） | 场地防洪设计应符合现行国家标准规定 | — | — | — | 印尼GM 中国ASGC 海绵城市建设技术指南2014 |
| | | | | 海绵校园规划与建设：统筹校园内绿色雨水基础设施，达到建设与运营目标 | 措施情况 | 雨水回用于绿化及其他 | 2 | |
| | | | | | | 采取措施净化初期雨水 | 2 | |
| | | | | | | 建有蓄洪调峰功能设施 | 2 | |
| | | | | 提供海绵校园运营及评估相关数据，并根据校园年雨水径流总量控制率评分 | 雨水径流总量控制率 | 达到60% | 1 | |
| | | | | | | 达到65% | 2 | |
| | | | | | | 达到70% | 3 | |

| 主题 | 分主题 | 序号 | 指标内容（总分） | 具体描述 | 评分逻辑 | 选项 | 得分 | 指标基准线参照 |
|---|---|---|---|---|---|---|---|---|
| 场地 BE1 | 景观品质 BE1-6 | 10 | 景观与生物多样性（6分） | 景观环境养护良好，保护生态多样性，推进节约型绿地建设观赏性与功能性并重 | 措施情况 | 采取措施保护校园生物多样性 | 2 | 联合国 Toolkit 中国ASGC |
| | | | | | | 节约型绿地①比例达到80% | 2 | |
| | | 11 | 地表水（6分） | 校园场地内地表水环境质量，达到城市水环境质量标准行国家标准地表水环境质量标准的类型 | 水环境质量 | 开发生产性景观系统（食物、建材） | 1 | |
| | | | | | | 设计恢复性景观（沉思与健康） | 1 | |
| | | | | | | V类（农业用水及一般景观水域） | 2 | |
| | | | | | | IV类（工业用水及人体非接触娱乐用水） | 4 | |
| | | | | | | III类（集中生活饮用水等） | 6 | |
| | 交通 BE1-7 | 12 | 公共交通连接（3分） | 校园与城市公共交通连接便捷，校园出入口的设置与方便公共交通的接驳 | 现状性能 | 校园出入口步行1000m距离内公共交通站点设置有3条以上线路 | 1 | 中国ASGC 美国STARS 印尼GM |
| | | | | | | 设置有便捷的人行道衔接交通站点 | 1 | |
| | | 13 | 内部交通环境（10分） | 根据校园空间的承载力设计机动车及非机动车流线与停车设施，提供安全便捷的交通环境，倡导低碳出行 | 现状性能 | 校区之间有便捷直接的公共交通，或提供通勤校车服务（单校区直接得分）* | 1 | |
| | | | | | | 机动车和非机动车停车设施合理分布 | 1 | |
| | | | | | | 停车采用机械式停车库、地下停车库等 | 1 | |
| | | | | | | 向新能源汽车提供充电桩、停车位等 | 1 | |
| | | | | | | 规划慢行或慢车优先的交通系统 | 1 | |
| | | | | | | 采用低碳或者零碳校车 | 1 | |

① 根据《绿色生态城区评价标准》GB/T 51255—2017，节约型绿地是指"依据自然和社会资源循环与合理利用的原则进行规划设计和建设管理，具有较高的资源使用效率和较少的资源消耗的绿地。"

续表

| 主题 | 分主题 | 序号 | 指标内容（总分） | 具体描述 | 评分逻辑 | 选项 | 得分 | 指标基准线参照 |
|---|---|---|---|---|---|---|---|---|
| 场地BE1 | 交通BE1-7 | 13 | 内部交通环境（1分） | 地面停车面积占校园占地面积的比例$R_{BE6}$（可用地图进行估算） | 地面停车面积比例 | $R_{BE6}>11\%$ | 1 | 中国ASGC<br>美国STARS<br>印尼GM |
| | | | | | | $7\%<R_{BE6}\leq11\%$ | 2 | |
| | | | | | | $4\%<R_{BE6}\leq7\%$ | 3 | |
| | | | | | | $1\%<R_{BE6}\leq4\%$ | 4 | |
| | | | | | | $R_{BE6}\leq1\%$ | 5 | |
| | | 14 | 无障碍设施（3分） | 人行道、主要建筑设置安全、适用的无障碍设施的比例$R_{BE7}$ | 满足范围 | $60\%<R_{BE7}\leq75\%$ | 1 | |
| | | | | | | $75\%<R_{BE7}\leq90\%$ | 2 | |
| | | | | | | $R_{BE7}>90\%$ | 3 | |
| 设施BE2 | 用能设备BE2-1 | 15 | 用能设备能效优化（14个） | 主要用能设备应符合国家现行相关标准要求 | — | — | — | 中国ASGC<br>绿色生态城区2017 |
| | | | | 对校园各类用能系统和设备进行能效优化 | 措施情况 | 采暖空调系统的能效优化 | 2 | |
| | | | | | | 热水系统的能效优化 | 2 | |
| | | | | | | 主要用能设备的能效优化 | 2 | |
| | | | | 各类用能设备采用高效系统和设备达标比例 | 达标比例 | 采暖空调系统高效设备达80% | 2 | |
| | | | | | | 热水系统高效设备达80% | 2 | |
| | | | | | | 照明系统采用高效设备达80% | 2 | |
| | | | | | | 主要用能系统与设备高效设备达80% | 2 | |

| 主题 | 分主题 | 序号 | 指标内容（总分） | 具体描述 | 评分逻辑 | 选项 | 得分 | 指标基准线参照 |
|---|---|---|---|---|---|---|---|---|
| 设施 BE2 | 用水设备 BE2-2 | 16 | 综合采用节水措施（9分） | 节水器具：水龙头节水、节水器具、高效的浇灌方式的应用范围比例$R_{BE8}$ | 应用范围 | $30\% \leq R_{BE8} < 50\%$的用水场所 | 1 | 中国ASGC |
| | | | | | | $50\% \leq R_{BE8} < 75\%$的用水场所 | 2 | |
| | | | | | | $R_{BE8} \geq 75\%$的用水场所 | 3 | |
| | | | | 分项计量水表：安装分项计量水表，且正常使用的应用范围比例$R_{BE9}$ | 应用范围 | $30\% \leq R_{BE9} < 50\%$的用水场所 | 1 | |
| | | | | | | $50\% \leq R_{BE9} < 75\%$的用水场所 | 2 | |
| | | | | | | $R_{BE9} \geq 75\%$的用水场所 | 3 | |
| | | | | 采取分区监测、定期检查等措施降低管网漏损率$R_{BE10}$ | 管网漏损率 | $7\% \leq R_{BE10} < 8\%$ | 1 | |
| | | | | | | $6\% \leq R_{BE10} < 7\%$ | 2 | |
| | | | | | | $R_{BE10} < 6\%$ | 3 | |
| | 信息化设施 BE2-3 | 17 | 信息化校园（6分） | 建立校园建设信息管理系统，实现校园一体化、信息化管理 | 措施情况 | 建设功能较为全面的信息管理系统 | 2 | |
| | | | | | | 实现校园一卡通及其相关信息管理 | 2 | 中国ASGC |
| | | | | | | 校园网WLAN覆盖全部校园建筑 | 2 | 日本ASSC |
| 建筑 BE3 | 建筑设计改造与建造 BE3-1 | 18 | 绿色建筑认证（8分） | 过去三年内新建、改造、与既有建筑数量与建筑面积的比例 | 基础信息 | （提供详细测算过程获得1分加分）* | — | |
| | | | | 新建建筑的建筑面积取得绿色建筑设计认证的比例$R_{BE11}$，或达到最低认证设计或运行认证比例（国际、地标、或者其他同等水平的标准）内的绿色建筑设计 | 建筑面积达标比例 | $10\% < R_{BE11} \leq 25\%$ | 2 | 美国STARS |
| | | | | | | $25\% < R_{BE11} \leq 50\%$ | 4 | 日本ASSC |
| | | | | | | $50\% < R_{BE11} \leq 75\%$ | 6 | 中国ASGC |
| | | | | | | $R_{BE11} > 75\%$ | 8 | |

| 主题 | 分主题 | 序号 | 指标内容（总分） | 具体描述 | 评分逻辑 | 选项 | 得分 | 指标基准线参照 |
|---|---|---|---|---|---|---|---|---|
| 建筑 BE3 | 建筑设计改造与建造 BE3-1 | 19 | 建筑形体系数（4分） | 根据现行国家建筑抗震标准规定的建筑形体规则计算建筑形体不规则建筑数量所占的比例 | 形体不规则建筑数量的比例 | 小于50%，且特别不规则小于3座 | 2 | 美国STARS 日本ASSC 中国ASGC |
| | | | | | | 大于等于50%，且特别不规则小于3座 | 4 | |
| | 建筑材料 BE3-2 | 20 | 绿色施工与建材（5分） | 不应采用国家和地方建设主管部门禁止和限制使用的材料及制品 | — | — | — | 中国ASGC |
| | | | | 新建建筑，或改造建筑中装配式建筑比例 $R_{BE12}$ | 装配式建筑比例 | 50%≤$R_{BE12}$<60% | 1 | |
| | | | | | | 60%≤$R_{BE12}$<70% | 2 | |
| | | | | | | $R_{BE12}$≥70% | 3 | |
| | | | | 建筑中绿色建材，可再生和可循环环保材料使用比例 $R_{BE13}$ | 绿色建材比例 | 50%≤$R_{BE13}$<60% | 1 | |
| | | | | | | 60%≤$R_{BE13}$<70% | 2 | |
| | | | | | | $R_{BE13}$≥70% | 3 | |
| | | | | 本地建材（施工现场500km以内生产的建筑材料占建材总重量）比例$R_{BE14}$ | 本地建材比例 | 50%≤$R_{BE14}$<60% | 1 | |
| | | | | | | 60%≤$R_{BE14}$<70% | 2 | |
| | | | | | | $R_{BE14}$≥70% | 3 | |
| | 室内环境 BE3-3 | 21 | 声环境质量（7分） | 主要及辅助教学用房的室内噪声级及围护结构隔声性能应符合现行国家民用建筑隔声设计规范的控制要求 | — | — | — | 中国ASGC 绿色生态城区2017 |
| | | | | 各类教学用房及辅助用房的混响时间符合现行国家标准有关规定 | 满足范围 | 普通教室满足混响时间要求 | 3 | |
| | | | | | | 其他辅助教学用房满足混响时间要求 | 2 | |
| | | | | | | 其他需要专项声学设计满足相应要求 | 2 | |

续表

| 主题 | 分主题 | 序号 | 指标内容（总分） | 具体描述 | 评分逻辑 | 选项 | 得分 | 指标/基准线参照 |
|---|---|---|---|---|---|---|---|---|
| 建筑 BE3 | 室内环境 BE3-3 | 22 | 室内空气质量（5分） | 1. 功能建筑室内空气污染物浓度应符合现行国家民用建筑工程室内环境污染控制规范<br>2. 易产生有害、有产生有害污染物的实验室环境应进行空气监控，应设置相关环保处理设备保障安全运行，并应确保不影响人体健康 | — | — | — | |
| | | | | 对室内空气质量进行监控与净化，主要功能房间内PM2.5：年平均浓度不高于35$\mu g/m^3$，PM10年平均浓度不高于70$\mu g/m^3$ | 达标比例 | 空气质量达标达到220天 | 1 | 中国ASSC绿色生态城区2017 |
| | | | | | | 空气质量达标达到280天 | 3 | |
| | | | | | | 空气质量达标达到320天 | 5 | |
| | | 23 | 光环境（3分） | 主要功能用房（教学科研、行政办公、学生宿舍）室内采光系数应满足现行国家标准建筑采光设计标准，达到要求的比例$R_{BE15}$ | 达标比例 | $60\% \leq R_{BE15} < 75\%$ | 1 | |
| | | | | | | $75\% \leq R_{BE15} < 90\%$ | 2 | |
| | | | | | | $R_{BE15} \geq 90\%$ | 3 | |
| | | 24 | 热舒适度（3分） | 在全年教学期间，各类功能建筑室内热湿环境应满足国家现行民用建筑室内热湿环境评价标准，达到要求的比例$R_{BE16}$ | 满足热舒适Ⅱ级比例 | $60\% \leq R_{BE16} < 75\%$ | 1 | |
| | | | | | | $75\% \leq R_{BE16} < 90\%$ | 2 | |
| | | | | | | $R_{BE16} \geq 90\%$ | 3 | |
| | 历史建筑 BE3-4* | 25 | 历史建筑保护再利用（4分） | 对于存留历史建筑的校园，应积极进行保护与再利用，并考虑其绿色与低碳运营 | 现状性能 | 校园绝大部分历史建筑处于使用状态 | 2 | 日本ASSC |
| | | | | | | 历史建筑再利用考虑绿色设计与运营，并取得一定节能效果 | 2 | |

表示信息项；　表示控制项；　*为非必选项。

表4-4

## 绿色校园评价体系——运营管理部分

| 主题 | 分主题 | 序号 | 指标内容 | 具体描述 | 评分逻辑 | 选项 | 得分 | 指标基准线参照 |
|---|---|---|---|---|---|---|---|---|
| 组织OM1 | 策略与计划OM1-1 | 26 | 发展策略（4分） | 过去1~3年内制定并发布相关发展策略 | 内容程度 | 根据内容涵盖程度和信息详尽程度评级 | 4 | 日本ASSC 美国STARS |
| | | 27 | 具体实施计划（4分） | 过去1~3年内制定并发布具体实施计划 | 内容程度 | 根据内容涵盖程度和信息详尽程度评级 | 4 | |
| | 机构人员OM1-2 | 28 | 绿色校园管理机构职责与运行（6分） | 1. 高校的主要机构与从属关系示意<br>2. 绿色校园管理机构所处位置 | — | — | — | 中国ASGC 日本ASSC 联合国Toolkit |
| | | | | 应建立绿色校园运行管理机构、落实责任部门、制定部门、岗位职责 | 运行情况 | 管理机构的运行情况与时间，根据运行记录内容及程度评分 | | |
| | | | | | | 记录很少，或运行时间不足6个月 | 2 | |
| | | | | | | 记录中等，或运行时间为6到12个月 | 4 | |
| | | | | | | 记录较多，且运行时间超过1年 | 6 | |
| | | 29 | 职员专家（4分） | 通过校内外部职员的雇用、专家的聘请，提升绿色校园建设水平 | 措施情况 | 雇佣专业人员从事绿色校园运营与管理 | 2 | |
| | | | | | | 定期与专家、组织交流合作了解经验 | 2 | |
| | | 30 | 利益相关者参与（4分） | 组织利益相关者参与建设，通过沟通协作机制推动绿色校园建设 | 措施情况 | 利益相关者分组、人员组成、筛选原则、参与方式、机制、频率等信息 | 4 | |
| | 协作沟通OM1-3 | 31 | 绿色校园报告（3分） | 发布内容较为全面（至少包含能源、水资源）的绿色校园评价报告，或者参与国内外相关评价 | 内容及参与频率 | 过去3年内，至少公开发布过参与1次 | 1 | 国际型 GASU 中国ASGC |
| | | | | | | 过去3年内，至少公开发布过参与2次 | 2 | |
| | | | | | | 过去3年内，每年发布参与 | 3 | |
| | | 32 | 绿色校园建设反馈（2分） | 绿色校园建设同问题与意见反馈途径 | 措施情况 | 过去1~3年内设置相关途径 | 2 | |

| 主题 | 分主题 | 序号 | 指标内容 | 具体描述 | 评分逻辑 | 选项 | 得分 | 指标基准线参照 |
|------|--------|------|----------|----------|----------|------|------|----------------|
| 运营 OM2 | 能源 OM2-1 | 33 | 年人均能耗降低率（6分） | 1. 过去1年，能耗分类统计及总量<br>2. 人均能耗 | — | （提供详细测算过程获得1分加分）* | — | 中国ASGC 印尼GM 绿色生态城区2017 |
| | | | | 年人均能耗降低率 $R_{OM1}$ 根据今年与去年全年数据计算，或采用过去3年或5年平均值 | 年人均能耗降低率 | 0.5%≤$R_{OM1}$<1% | 2 | |
| | | | | | | 1%≤$R_{OM1}$<2% | 4 | |
| | | | | | | $R_{OM1}$≥2% | 6 | |
| | | 34 | 可再生能源利用（4分） | 过去1年，可再生能源（光伏、风能、生物质等）的种类及利用情况 | — | （提供详细测算过程获得1分加分）* | — | |
| | | | | | 可再生能源利用比例 | $R_{OM2}$≤1% | 0 | |
| | | | | 可再生能源利用占整体能耗比例 $R_{OM2}$ | | 1%<$R_{OM2}$≤2.5% | 1 | |
| | | | | | | 2.5%<$R_{OM2}$≤5% | 2 | |
| | | | | | | 5%<$R_{OM2}$≤7.5% | 3 | |
| | | | | | | $R_{OM2}$>7.5% | 4 | |
| | | 35 | 余热废热利用（8分） | 合理利用余热废热解决蒸汽、供暖或生活热水需求，并说明其来源，去向与利用方式，余热废热利用比例 $R_{OM3}$ | 利用比例 | 10%<$R_{OM3}$≤25% | 2 | |
| | | | | | | 25%<$R_{OM3}$≤50% | 4 | |
| | | | | | | 50%<$R_{OM3}$≤75% | 6 | |
| | | | | | | $R_{OM3}$>75% | 8 | |

| 主题 | 分主题 | 序号 | 指标内容 | 具体描述 | 评分逻辑 | 选项 | 得分 | 指标基准线参照 |
|---|---|---|---|---|---|---|---|---|
| 运营 OM2 | 碳排放 OM2-2 | 36 | 碳排放管理（9分） | 过去1年，碳排放总量，人均碳排放量和单位面积碳排放核算（核算范围1、2的碳排放，条件允许可评估核算范围3①的碳排放） | — | — | — | 印尼GM 美国STARS |
| | | | | | 核算精度 | 核算范围1和2的碳排放，数据满足基本要求 | 1 | |
| | | | | | | 核算范围1、2以及3的碳排放，核算数据充足且满足计算需求 | 2 | |
| | | | | 过去1年，范围1和范围2人均碳排放量$R_{OM4}$（吨）（如果采取了固碳措施，碳交易，可提供相关凭证并计入总量上增减） | 人均碳排放量 | 1.11吨≤$R_{OM4}$<2.05吨 | 1 | |
| | | | | | | 0.42吨≤$R_{OM4}$<1.11吨 | 2 | |
| | | | | | | 0.10吨≤$R_{OM4}$<0.42吨 | 3 | |
| | | | | | | $R_{OM4}$<0.10吨 | 4 | |
| | | | | 制定减排措施与计划，减少范围1、2、3的温室气体排放 | 内容程度 | 制定中长期目标与年度具体实施计划 | 2 | |
| | 水资源 OM2-3 | 37 | 生均水耗降低率（4分） | 1. 一年内，校园整体水耗（按水源）人均水耗 2. 人均水耗符合现行国家民用建筑节水设计标准的规定，或持续降低 | — | （提供详细测算过程表得1分加分）* | — | 中国ASGC |
| | | | | | 达标情况 | 符合现行国家节水设计标准，或连续三年总用水量逐年降低1% | 4 | |

① 根据《国家IPCC国家温室气体清单指南》《城市温室气体核算工具指南》，结合印尼GM，美国STARS碳排放评价定义与计算，范围1和范围2（主要直接与间接产生的水、电、气、热或排放）为主要核算部分，范围3为建议核算排放，例如各类交通（校车、私家车）碳排放等。

范围1：指由机构拥有或控制能源产生的直接排放，包括：燃料燃烧产生电力、蒸汽、热量，或在固定地点使用锅炉、燃烧器、加热器、熔炉、焚烧炉等设备发电等。

范围2：指间接碳排放，是在机构范围内发生的活动的结果，但由另一个实体拥有或控制的来源，包括：外购电、外购热、外购冷、外购蒸汽等。

范围3：指范围2未涵盖的间接碳排放，包括：购买货物、资本货物、商品和服务、燃料和能源相关的活动、上游运输和分配操作、商务旅行中产生的排放等。

| 主题 | 分主题 | 序号 | 指标内容 | 具体描述 | 评分逻辑 | 选项 | 得分 | 指标/基准线参照 |
|---|---|---|---|---|---|---|---|---|
| 运营OM2 | 水资源OM2-3 | 38 | 雨水收集回用（3分） | 雨水收集回用范围占校区用地范围比例$R_{OM5}$ | 用地比例 | $5\% \leq R_{OM5} < 10\%$ | 1 | 中国ASGC |
| | | | | | | $10\% \leq R_{OM5} < 30\%$ | 2 | |
| | | | | | | $R_{OM5} \geq 30\%$ | 3 | |
| | | 39 | 循环利用水比例（6分） | 采用市政再生水或自行建设再生水处理利用系统，再生水水质符合现行国家城市污水再生利用城市杂用水水质的有关规定，且根据生活水再利用率再评分 | 再生水利用率 | 达到1.5% | 3 | |
| | | | | | | 达到3.0% | 6 | |
| | 废弃物OM2-4 | 40 | 人均废弃物重量（4分） | 过去1年，各类废弃物（建筑、生活）总重量；回收与处理方式 | — | （提供详细测算过程获得1分加分）* | — | |
| | | | | 各类废弃物回收与再利用比例$R_{OM6}$ | 回收利用比例 | $10\% \leq R_{OM6} < 25\%$ | 1 | 印尼GM |
| | | | | | | $25\% \leq R_{OM6} < 50\%$ | 2 | 中国ASGC |
| | | | | | | $50\% \leq R_{OM6} < 75\%$ | 3 | 联合国Toolkit |
| | | | | | | $R_{OM6} \geq 75\%$ | 4 | |
| | | 41 | 减少废弃物措施（6分） | 减少废弃物并进行回收与再利用 | 措施程度 | 废弃物分类收集与处理 | 2 | |
| | | | | | | 校园内交换与再利用计划 | 2 | |
| | | | | | | 建筑垃圾回收率大于90% | 2 | |
| | | 42 | 有害废弃物处理 | 1. 制定垃圾管理制度，合理规划垃圾物流，并对废弃物进行分类收集，垃圾设施、容器应设置规范；2. 运行中产生有毒有害废弃物等污染物排放应符合国家现行相关标准 | — | — | — | |

| 主题 | 分主题 | 序号 | 指标内容 | 具体描述 | 评分逻辑 | 选项 | 得分 | 指标基准线参照 |
|---|---|---|---|---|---|---|---|---|
| 运营 OM2 | 生态保护 OM2-5 | 43 | 生态与景观保护（6分） | 结合地形地貌的场地设计与建筑布局，保护原有自然水域、湿地植被，采取表层土利用等生态补偿措施的比例$R_{OM7}$ | 应用比例 | 25%<$R_{OM7}$≤50% | 2 | 中国ASGC |
| | | | | | | 50%<$R_{OM7}$≤75% | 4 | |
| | | | | | | $R_{OM7}$>75% | 6 | |
| | | 44 | 无公害生态保护（6分） | 采用无公害病虫害防治技术 | 措施情况 | 绿化化学用品使用规范，避免环境污染 | 2 | |
| | | | | | | 使用无公害病虫害防治技术及生态肥料 | 2 | |
| | | | | | | 使用生态化手段保障水体水质 | 2 | |
| 管理 OM3 | 投资与采购 OM3-1 | 45 | 投资与预算（17分） | 绿色校园总投资预算与分项预算 | — | — | — | |
| | | | | 获取长期可持续资金 | 现状性能 | 多渠道获取长期可持续资金 | 2 | 印尼GM 美国STARS 国际型 GASU |
| | | | | 采用多种渠道筹措资金，保障绿色校园建设的持续性进行 | 措施情况 | 取得政府财政支持 | 2 | |
| | | | | | | 获取机构基金支持 | 2 | |
| | | | | | | 合同能源管理 | 2 | |
| | | | | | | 通过合作等方式自筹资金 | 2 | |
| | | | | | | 其他 | 2 | |
| | | | | 一年内，绿色校园各类投资占校园总投资的比例$R_{OM8}$ | 投资比例 | 1%<$R_{OM8}$≤3% | 2 | |
| | | | | | | 3%<$R_{OM8}$≤10% | 3 | |
| | | | | | | 10%<$R_{OM8}$≤12% | 4 | |
| | | | | | | $R_{OM8}$>12% | 5 | |

| 主题 | 分主题 | 序号 | 指标内容 | 具体描述 | 评分逻辑 | 选项 | 得分 | 指标基准线参照 |
|---|---|---|---|---|---|---|---|---|
| 管理 OM3 | 投资与采购 OM3-1 | 46 | 经济措施（4分） | 通过经济策略与措施鼓励绿色校园发展 | 措施情况 | 节能的财务措施 | 1 | |
| | | | | | | 节水的财务措施 | 1 | |
| | | | | | | 减少废弃物的财务措施 | 1 | |
| | | | | | | 其他 | 1 | |
| | | 47 | 绿色采购（5分） | 签署绿色采购合同（购买生产过程低能耗、对环境影响小的产品） | 措施情况 | 签署两项以上不同类型的绿色采购合同（如绿色食品、绿色办公用品） | 2 | 印尼GM 美国STARS 国际型 GASU |
| | | | | 绿色采购占校园所有采购的比例 | 绿色采购比例 | 应用于某儿所产品的采购 | 1 | |
| | | | | | | 应用于30%～60%产品的采购 | 2 | |
| | | | | | | 应用于60%以上产品的采购 | 3 | |
| | | 48 | 道德与区域性投资*（4分） | 进行有益于当地或者社会的环境与道德方面的投资 | 措施情况 | 环境与道德方面投资，或相关鼓励政策 | 2 | |
| | | | | | | 对当地社会发展有重大影响投资项目，或相关鼓励政策 | 2 | |
| | 能耗监测 OM3-2 | 49 | 能耗监测系统（5分） | 校园采取能耗水耗监控措施 | 措施情况 | 应用于局部或者整个校园 | 2 | 中国ASGC 英国P&P |
| | | | | 建设校园能耗水耗监测平台，并有效运行；对校园电、水、热、冷和主要能耗设备进行有效监测，数据用于运行管理 | 应用范围 | 应用于至少1栋主要建筑 | 1 | |
| | | | | | | 应用于50%以上用能场所 | 2 | |
| | | | | | | 完整应用于整个校园 | 3 | |
| | | 50 | 智慧校园（9分） | 参照现行智慧校园总体框架，在校园局部、整体运用智慧校园技术 | 应用范围 | 应用于至少1栋主要建筑 | 1 | |
| | | | | | | 应用于50%以上用能场所 | 2 | |
| | | | | | | 完整应用于整个校园 | 3 | |

| 主题 | 分主题 | 序号 | 指标内容 | 具体描述 | 评分逻辑 | 选项 | 得分 | 指标/基准线参照 |
|---|---|---|---|---|---|---|---|---|
| 管理 OM3 | 能耗监测 OM3-2 | 50 | 智慧校园（9分） | 运用智慧技术提升校园资源利用效率、绿色运营水平、师生使用满意度等，智慧技术运用情况 | 措施情况 | 校园环境信息的感知与识别 | 2 | |
| | | | | | | 校园能源资源的监管、维护、优化 | 2 | 中国ASGC 英国P&P |
| | | | | | | 空间与资源预约管理 | 2 | |
| | 环境管理 OM3-3* | 51 | 资产与设备管理*（2分） | 制定设施使用运营规定、定期维护；局部或整体设施进行共享 | 措施情况 | 在满足高校使用的同时，向社会开放室外场地、服务与体育设施等 | 2 | |
| | | 52 | 绿色运营规则（6分） | 根据校园空间及使用特点，制定空间的绿色使用与运营规则，并宣传鼓励师生积极响应 | 措施情况 | 制定办公室节能使用标准与规则 | 2 | 日本ASSC 联合国Toolkit |
| | | | | | | 制定实验室节能使用标准与规则 | 2 | |
| | | | | | | 制定其他相关的节能使用标准与规则（如信息技术的节能条例、空间预约与使用等） | 2 | |
| | 身心健康 OM3-4 | 53 | 身心健康保障（4分） | 校园配置基本的设施与专业人员为师生身心健康服务，并定期进行宣传与教育 | 措施情况 | 配置一名以上专业资格的心理咨询师，定期分享心理健康知识并提供辅导 | 2 | 中国ASGC 日本ASSC 联合国Toolkit |
| | | | | | | 校园医疗机构及设施可以提供基本医疗服务，并定期向师生提供健康宣传教育 | 2 | |

| 主题 | 分主题 | 序号 | 指标内容 | 具体描述 | 评分逻辑 | 选项 | 得分 | 指标基准线参照 |
|---|---|---|---|---|---|---|---|---|
| 管理 OM3 | 身心健康 OM3-4 | 54 | 环境健康（4分） | 对师生经常使用的设施与空间进行优化与提升，创造积极健康的学习与生活环境 | 措施情况 | 提供考虑人体工程学设计的设施 | 1 | 中国ASGC |
| | | | | | | 打造文化与智慧氛围的公共空间 | 1 | 日本ASSC |
| | | | | | | 提供健康的食谱 | 1 | 联合国Toolkit |
| | | | | | | 主要建筑、使用场所提供清洁饮用水 | 1 | |
| | 预防与应急措施 OM3-5 | 55 | 传染病防治（2分） | 设置传染病防控措施与预案，并实时配合落实相关防控措施 | 措施情况 | 学校落实相关传染病防控措施，积极防控并及时上报 | 2 | 中国ASGC |
| | | 56 | 应急与安全措施（4分） | 应急准备预案与培训 | 措施情况 | 对突发事件、灾害进行准备与预案 | 2 | 美国PSI |
| | | | | | | 定期对师生进行防灾相关培训、演习 | 2 | |
| | 公平性措施 OM3-6* | 57 | 学生关怀（4分） | 向困难的学生提供帮助与支持 | 措施情况 | 对学费进行一定补贴（相关政策与案例） | 2 | 国际型GASU |
| | | | | | | 向弱势与困难学生提供入学及就业帮助 | 2 | 加拿大CSAF Core |
| | | 58 | 工作满意度（2分）* | 对教职工工作满意度进行调查 | 措施情况 | 定期对教职工对工作的满意度进行调查与评估，并积极采取措施提升满意度 | 2 | 美国STARS |

▓ 表示信息项；* 表示控制项。

第4章　基于问题和目标导向相统一的高校绿色校园评价体系构建　　121

1）强调顶层设计策略计划的重要性，突出组织人员与机制对运营的保障。

2）注重绿色校园核心的环境性能指标，强调校园整体的可持续性能。

3）注重经济性、社会性管理措施，鼓励高校发挥自主性，多渠道筹措资金，共建绿色校园，带来积极社会影响。

**3．师生参与**

在师生参与维度，京津冀案例校园师生对绿色校园建设措施的认知与了解程度均有待提高，对绿色行为参与方式较为局限；评价内容的构建在《绿色校园2019》的基础上，注重多层次、体验式、参与性教育，提倡对师生更多样性绿色行为的长期性支持与引导。在教育、科研、参与三大评价主题的基础上，深化、量化评价内容与选项，注重参与程度，以及对于社会的积极作用（表4-5），并突出以下特点。

1）注重师生参与的程度与比例，强调师生对于绿色校园整体认知的提升。

2）强调教职工学生主动参与的重要性，同时注重参与机会与信息的保障。

3）注重师生参与在校内、校外的社会效益，鼓励高校对师生参与的长期支持。

### 4.4.3.3　创新部分

创新部分在综合国内外评价体系优点与发展趋势的基础上，分为环境性能提升和治理模式创新两部分，每个指标按照项目累计得分，得分上限为8分。环境性能提升不仅鼓励校园性能超越评价体系设定的参照基准，而且鼓励校园持续参与评价并提升等级，或探索新的设计方式方法引领绿色校园实践，补充与完善评价内容。治理模式创新鼓励校园提出整体性或者局部性的治理与运营方法，并且强调参评校园对于其他校园、社会机构的积极示范与影响作用（表4-6）。

表4-5

**绿色校园评价体系——师生参与部分**

| 主题 | 分主题 | 序号 | 指标内容 | 具体描述 | 评分逻辑 | 选项 | 得分 | 指标/基准线参照 |
|---|---|---|---|---|---|---|---|---|
| 教育 EN1 | 学生的绿色教育 EN1-1 | 59 | 中长期教育计划 | 促进绿色校园教育与传播的计划 | — | — | — | |
| | | 60 | 绿色课程比例（5分） | 所有课程中，绿色、可持续相关内容课程所占比例$R_{EN1}$ | 课程比例 | $1\% < R_{EN1} \leq 5\%$ | 2 | |
| | | | | | | $5\% < R_{EN1} \leq 10\%$ | 3 | |
| | | | | | | $10\% < R_{EN1} \leq 20\%$ | 4 | |
| | | | | | | $R_{EN1} > 20\%$ | 5 | 中国ASGC 印尼GM 国际型 GASU 美国STARS |
| | | 61 | 学生参与课程比例（5分） | 在校生参加绿色、可持续课程人数占总人数的比例$R_{EN2}$ | 参与比例 | $20\% < R_{EN2} \leq 30\%$ | 1 | |
| | | | | | | $30\% < R_{EN2} \leq 40\%$ | 2 | |
| | | | | | | $40\% < R_{EN2} \leq 50\%$ | 3 | |
| | | | | | | $50\% < R_{EN2} \leq 60\%$ | 4 | |
| | | | | | | $R_{EN2} > 60\%$ | 5 | |
| | | 62 | 课程的管理（2分） | 配置相关人员、管理程序支持绿色课程开发、课程内容主题的优化 | 措施情况 | 采取相关措施支持课程管理 | 2 | |
| | | 63 | 课程激励计划（2分） | 相关的激励计划、预算等支持课程的开发与优化 | 措施情况 | 设置经济激励措施 | 2 | |
| | | 64 | 校园作为生活实验室（5分） | 利用校园本身设施与运营作为师生体验、进行可持续理念学习研究的对象 | 现状性能 | 开展"校园作为生活实验室"活动 | 2 | |
| | | | | | | 少于3项，或成果较不突出 | 1 | |
| | | | | | | 3～10项，或成果一般 | 2 | |
| | | | | | | 大于10项，且成果较为突出 | 3 | |

| 主题 | 分主题 | 序号 | 指标内容 | 具体描述 | 评分逻辑 | 选项 | 得分 | 指标基准线参照 |
|---|---|---|---|---|---|---|---|---|
| 教育 EN1 | 教职工的绿色培训 EN1-2 | 65 | 培训计划（6分） | 定期面向全体教职工开展绿色培训 | 措施情况 | 基本绿色意识、节能节水培训 | 2 | 中国ASGC 印尼GM |
| | | | | | | 研究与教学相关培训 | 2 | 国际型GASU |
| | | | | | | 绿色实验室相关培训 | 2 | 美国STARS |
| 科研 EN2 | 绿色校园相关研究 EN2-1 | 66 | 科研参与（6分） | 师生进行绿色相关主题研究，并取得一定成果 | 现状性能 | 研究聚焦于当地、区域性绿色议题 | 1 | |
| | | | | | | 研究聚焦于国内绿色议题 | 1 | |
| | | | | | | 研究聚焦于国际绿色议题 | 1 | 非洲USAT |
| | | | | 参与度（项目数量）与成果（培养人才、建立基地、获得奖励等） | 现状性能 | 少于3项，或成果较不突出 | 1 | 国际型GASU |
| | | | | | | 3～10项，或成果一般 | 2 | 美国STARS |
| | | | | | | 大于10项，且成果较为突出 | 3 | 日本ASSC 印尼GM |
| | | 67 | 程序与机构支持（3分） | 对于绿色科研的支持 | 措施情况 | 鼓励师生参与的计划 | 1 | 联合国 Toolkit |
| | | | | | | 支持科研的程序、流程 | 1 | |
| | | | | | | 支持科研的机构、中心 | 1 | |
| | 研究支持 EN2-2 | 68 | 经费比例（4分） | 过去1年内，绿色相关研究的经费占总研究经费的比例 $R_{EN3}$ | 科研经费比例 | $1\% < R_{EN3} \leq 8\%$ | 2 | |
| | | | | | | $8\% < R_{EN3} \leq 20\%$ | 3 | |
| | | | | | | $20\% < R_{EN3} \leq 40\%$ | 4 | |
| | | | 奖学金（2分） | 学校提供绿色科研奖学金，或者其他相关预算支持 | 措施情况 | 设置相关经济措施鼓励绿色 | 2 | |
| | 成果与实践 EN2-3 | 69 | 研究成果应用及商业化（6分） | 绿色科研的实践与应用 | 现状性能 | 研究成果应用于实践 | 2 | |
| | | | | | | 研究成果商业化应用 | 2 | |
| | | | | | | 研究产生一定经济收益 | 2 | |

| 主题 | 分主题 | 序号 | 指标内容 | 具体描述 | 评分逻辑 | 选项 | 得分 | 指标/基准线参照 |
|---|---|---|---|---|---|---|---|---|
| 参与<br>EN3 | 校园<br>活动<br>EN3-1 | 70 | 学生绿色活动<br>（8分） | 开展各种绿色校园相关活动情况 | 现状性能 | 绿色行动（节水、节能、二手回收等） | 1 | 非洲USAT<br>国际型<br>GASU<br>美国STARS<br>日本ASSC<br>国际型SAQ<br>英国P&P |
| | | | | | | 推广活动 | 1 | |
| | | | | | | 校内外竞赛 | 1 | |
| | | | | | | 校内外实习 | 1 | |
| | | | | | | 其他（上述之外、程度相当的活动） | 1 | |
| | | 71 | 学生参与绿色校园运营<br>（6分） | 学生对于相关活动整体参与程度、参与比例 | 现状性能 | 参与人数较少（20%以下） | 1 | |
| | | | | | | 参与人数一般（20%～50%） | 2 | |
| | | | | | | 参与人数较多（50%以上） | 3 | |
| | | | | 提供机会促进学生参与绿色校园运营 | 措施情况 | 提供相关职位与机会 | 2 | |
| | | | | | | 设置相关机构、机制、年度计划 | 2 | |
| | | | | | | 举办鼓励学生参与的绿色校园行动 | 2 | |
| | | 72 | 教职工参与绿色校园运营<br>（6分） | 提供机会促进教职工参与绿色校园的管理与运营 | 措施情况 | 提供参与校园发展与运营的机会 | 2 | |
| | | | | | | 构建参与机制、年度计划 | 2 | |
| | | | | | | 鼓励教职工参与绿色校园行动 | 2 | |

| 主题 | 分主题 | 序号 | 指标内容 | 具体描述 | 评分逻辑 | 选项 | 得分 | 指标/基准线参照 |
|---|---|---|---|---|---|---|---|---|
| 参与 EN3 | 当地、社区服务 EN3-2 | 73 | 企业、学校与政府合作（4分） | 进行绿色校园相关合作：通过参与组织、举办会议、项目合作等方式进行绿色校园相关合作，相关合作推动可持续发展 | 内容程度 | 根据内容涵盖程度和信息详实程度评级 | 4 | 美国STARS 荷兰AISHE 非洲USAT 中国ASGC |
| | | 74 | 志愿服务（4分） | 鼓励师生参与社区志愿活动：自发组织志愿服务：向社区宣传、推广绿色生活方式的志愿活动 | 内容程度 | 根据内容涵盖程度和信息详实程度评级 | 4 | |
| | | 75 | 防灾和灾后教育（4分） | 灾害、公共突发事件发生前、发生时及发生后，向社区提供服务与支持 | 措施情况 | 向社区、周边区域提供防灾和灾后教育 | 4 | |
| | 公众参与EN3-3* | 76 | 参与制定公共政策（3分）* | 参与城节、国家、国际绿色、可持续公共政策制定 | 现状性能 | 参与城市、区域政策制定 | 1 | 美国STARS 荷兰AISHE 日本ASSC 联合国 Toolkit |
| | | | | | | 参与国家政策制定 | 1 | |
| | | | | | | 参与国际政策制定 | 1 | |
| | | 77 | 信息公开、宣传教育（6分） | 通过网站、公众号、主页等定期发布绿色校园相关信息（网页正常访问，定期更新，内容详实，提供具体网址） | 现状性能 | 定期公开绿色校园运营数据 | 2 | |
| | | | | | | 定期发布绿色校园活动信息 | 2 | |
| | | | | | | 向公众宣传绿色校园行动，发布绿色科研成果，鼓励绿色生活方式等 | 2 | |

███ 表示信息项； ███ 表示控制项； *为非必选项。

表4-6

## 绿色校园评价体系——创新部分

| 主题 | 分主题 | 序号 | 指标内容（总分） | 具体描述 | 指标类型 | 选项得分 | 指标基准线参照 |
|---|---|---|---|---|---|---|---|
| 创新项 | 环境性能提升 | 1 | 再认证等级提升 | 在前期评价有效期内进行再认证，且等级上升 | 加分项 | 1 | |
| | | 2 | 性能大幅度提升 | 近5年内，采取各种创新措施进行节能降耗，和5年前相比，本年生均能耗或水耗下降幅度超过10% | 加分项 | 2 | |
| | | 3 | 绿色建筑/既有建筑绿色化改造认证提升 | 近3年内，依据现行标准取得国际、国内、省市级别绿色建筑认证的，且在有效期内的，根据认证获得建筑的数量加分，每个认证建筑0.5分，最高累计建筑不超过4分 | 加分项 | 4 | 中国ASGC 日本ASSC 美国STARS |
| | | 4 | 创新式提升方法 | 回应地域特征的设计方法（例如：采用地域性材料，针对地理与气候特点的设计方法、建造流程等），每个项目0.5分，最高累计不超过2分；评价指标内未涉及其他创新方法：近3年内，对校园局部环境或整体进行创新性改造提升的项目，运营良好并具有示范意义（例如：融入地域文化的绿色建造、校园慢行系统规划、采用本地植物优化校园环境、整体标识系统设计等），每个项目0.5分，最高累计不超过2分 | 加分项 | 2 | |
| | 治理模式创新 | 5 | 创新式整体治理模式 | 根据校园特点，提出、总结、优化并形成较为完整的绿色校园治理模式及实施步骤 | 加分项 | 1 | |
| | | 6 | 创新式局部运营方法 | 评价指标未涉及的其他创新运营方法：根据校园各部分实际运营特点，提出实用型、可推广的管理运营方式 | 加分项 | 1 | |

# 4.5 绿色校园评价体系的权重赋值

## 4.5.1 评价体系的权重赋值原则

评价体系指标赋权的方法很多，整体上可以分为三类：主观赋权、客观赋权、主客观组合赋权。主观赋权法往往没有统一的客观标准，参与者根据其主观价值判断确定各个指标权重，通过合理的专家选取、科学的评价流程制定及反复性讨论验证，可以进一步克服主观因素的影响；客观赋权主要根据指标的取值及分布情况，通过数学、统计学的方法进行处理、拟合、判断，定量分析指标之间耦合关系及作用机制，客观赋权的准确性基于高质量数据，以及对数理方法合理运用。基于对赋权方法的比较分析，本研究提出指标赋权的原则。

### 1．科学体现指标对于系统的价值

评价体系的权重赋值应较为科学、准确地描述指标对于系统的重要程度以及指标之间的相对重要性，体现各个指标对于系统整体的价值，从而构建绿色校园整体构架的分层权重。

### 2．客观体现参评数据的信息含量

评价体系的权重赋值应考虑参评数据的特点与信息含量，对参评数据进行客观分析，从而判断信息的有序度，以及对整体体系的贡献程度。

### 3．合理兼顾指标的价值与信息量

评价体系的权重赋值应体现对指标价值的分析与判断，结合指标所获取信息的程度，体现指标体系构建的科学性，并尽量克服主观赋权的弊端，从而合理地设置权重赋值。

## 4.5.2 评价体系的耦合机制分析

高校绿色校园综合评价体系各个子系统之间的耦合作用关系是一个多要素、多反馈的动态系统，建成环境、运营管理以及师生参与之间相互渗透、促进与制约，共同作用于绿色校园的综合发展，运用系统动力学模型有助于分析绿色校园系统各个要素之间的耦合关系。

### 1．系统动力学的基本特点

系统动力学（System Dynamics，缩写SD）是综合系统论、控制论和信息论的研究负载动态反馈系统性问题的综合交叉科学；SD模型利用反馈回路将元素、结构之间联系起来，通过分析系统的因果关系，模拟系统动态行为[249]；通过规范化、标准化建模方法，科学、可靠地把复杂的系统问题抽象为系统模型。SD

模型在可持续发展研究中应用广泛，例如土地利用模型[250][251]、各类环境评价模型[252][253]，以及张宏伟、张雪花构建的绿色大学环境系统模型[127]等。

**2．绿色校园系统分析的步骤**

根据系统动力学原理，基于绿色校园综合评价体系的基本结构，建立系统动力学模型，主要建模流程分为5个步骤[249][254]。

1）确定目的与边界

确定绿色校园系统的目的、目标及系统时间与空间边界。

2）系统与结构分析

基于本研究评价理论框架，对绿色校园系统进行分析，确定其系统层次划分和变量定义，根据各子系统分别构建变量之间的反馈关系。

3）模型构建

基于系统的反馈机制、回路和结构分析，构建校园系统的因果结构图。

4）量化模拟与调试

设定基准年，并根据变量特征与变化趋势设计变量变化的方程，再进行模型调试从而更加符合实际。

5）仿真模拟

模型达到预期后，应用模型对不同情景的发展进行仿真模拟。

本研究按照步骤1）~3）构建与调试模式，分析绿色校园模型内部的耦合关系。

**3．绿色校园子系统相互作用关系分析**

绿色校园综合评价系统动力学模型的构建，基于绿色校园评价体系和京津冀高校绿色校园运营方式，以建成环境、运营管理、师生参与三大子系统为主线，分析各个分组要素之间的"驱动"与"反馈"关系。基于4.4.3完整评价体系与一级、二级、三级指标结构，并通过对各个子系统最具重要性、可收集、可测算的指标的梳理，遴选出30个核心指标表征整体指标特征，并作为系统建模的基础，既能够反映原始指标的大部分信息，又能简化计算。

1）建成环境子系统

建成环境子系统由场地、设施、建筑三个部分组成（图4-11）。

建成环境系统是校园发展的物质基础，受到原有环境基底的影响，也受到长期动态期规划更新过程运营管理的作用。场地（a1）是校园的载体，一般保持在相对稳定状态；设施（a2）可随着设备的更新与维护提升；建筑（a3）则随着绿色化程度与水平逐步增加而提升；建成环境部分指标对运营（b2）产生正向影响，而管理的年生均总预算（b31）、管理制度（b32）、能耗监测管理水平（b33）也正向作用于建成环境。

2）运营管理子系统

运营管理子系统主要由组织、运营、管理三个部分组成（图4-12）。

组织（b1）作为校园建设的制度与人员保障，随着校园的发展而进行调整与变化，受到设施（a2）的正向作用；运营（b2）作为校园性能状态的直接体现，受到建成环境中部分指标（a2、a3）的正向影响；管理（b3）则作为较为综合性的指标，不仅受到信息化校园设施（a22）的正向影响，也受到生均用地面积（a11）的负向影响。

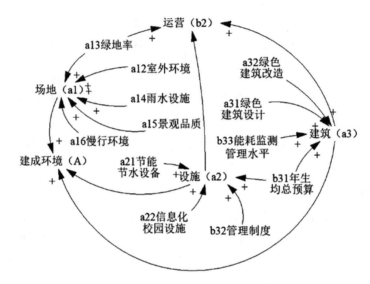

图4-11  建成环境子系统因果关系图

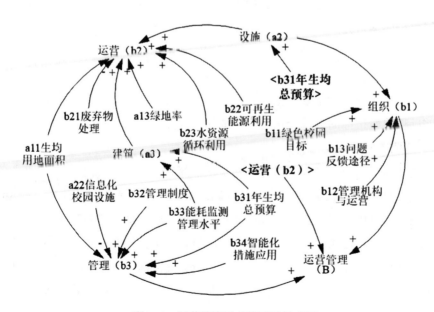

图4-12  运营管理子系统因果关系图

### 3）师生参与子系统

师生参与子系统主要由教育、科研、参与三个部分组成（图4-13）。在该子系统中，教育（c1）是较为基础的部分，受到绿色活动（c31）的直接正向作用；科研（c2）是综合实力的体现，在长期的建设中逐步积累与发展，受到参与（c3）的正向影响；参与是师生活动积极性的体现，是教育科研等成果的外化形式，受到管理机构与运营（b12）、问题反馈途径（b13）的正向影响，并对科研（c2）起到积极影响作用。

根据三个子系统的因果关系分析，本研究构建绿色校园综合评价体系的因果关系图（图4-14），描述系统与子系统之间的耦合关系。一方面，三个子系统内

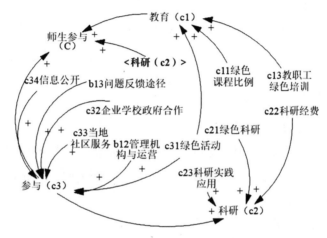

图4-13　师生参与子系统因果关系图

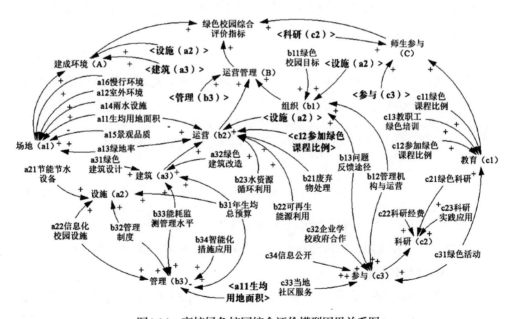

图4-14　高校绿色校园综合评价模型因果关系图

部形成紧密的作用关系，承载绿色校园的基本功能，协调校园系统内部性能。另一方面，在绿色校园发展过程中，各子系统性能的不均衡发展，将通过系统间的共同作用变量促进系统结构和功能的改变，从而再次达到新的平衡。

### 4.5.3 评价体系的专家赋权——层次分析法

在绿色校园综合评价体系内部耦合关系分析的基础上，本研究采用层次分析法进行指标权重赋值，基于专家的比较判断，量化指标重要程度。

**1. 层次分析法（AHP）权重赋值步骤**

**1）构建指标体系层次结构**

层次结构共分为4层，目标层为绿色校园综合评价目标；准则层为建成环境、运营管理、师生参与三部分；子准则层为场地、设施、建筑、组织、运营、管理、教育、科研、参与九部分；进一步细分为指标层，通过层层递进的关系共同作用于绿色校园综合评价目标。

**2）构建两两比较的判断矩阵**

基于指标层级结构构建判断矩阵，分别对每个指标与其所属的上下层级及同一层级的不同指标之间进行独立判断[255]。本研究共构建13个判断矩阵，并按照9级标度[26]进行判断。

**3）求解专家判断矩阵**

利用Yaahp软件构建层次结构，导出矩阵调查表。首先，计算每个专家的判断矩阵；再对所有专家的排序权重的算术平均值进行集结，计算总排序权重。

**4）一致性检验**

每一矩阵进行单准则排序与一致性检验，采用一致性比率法判断，以$CI$表示一致性指标，$RI$表示随机指标，$CR$表示一致性比率，$\lambda_{max}$为A矩阵的最大特征值，$n$为矩阵阶数（4.1，4.2）。

$$一致性指标（\text{Consistency Index}，CI）：CI = \frac{\lambda_{max} - n}{n - 1} \quad （4.1）$$

$$一致性比率（\text{Consistency Rate}，CR）：CR = \frac{CI}{RI} \quad （4.2）$$

当$CR < 0.1$时，一致性可通过；分别对每个专家判断矩阵进行一致性检验，判断专家对整个系统层次性的理解，经过Yaahp软件调试，检验通过。

**2. AHP权重赋值结果**

综合各专家结果，在准则层中，建成环境占据最大权重（0.4738），其次是运营管理（0.3257）与师生参与（0.2151）。在指标层中，具有较大权重的有建筑设计改造与建造BE3-1（0.0834）、用能设备BE2-1（0.0797）、学生的绿色教育EN1-1（0.0781）、信息化设施BE2-3（0.0635）与能源OM2-1（0.0531）。

### 4.5.4 评价体系的客观赋权——熵权法

熵是描述物质系统状态的函数，信息熵（或Shannon熵）将热力学概念引入信息论，在信息论中可以理解为一个信息源发出信号状态的不确定程度[256]，从而衡量指标值携带有效信息程度[257]。熵权法作为客观赋权方法，被应用于评价体系赋权，如人居环境[258]、生态系统健康[259]、社会效益[260]等。基于熵权法的赋值可以避免权重赋值中人为干扰因素，使评价结果更加科学合理[261]；熵权法权重赋值计算步骤如下。

**1．熵权法权重赋值步骤**

1）构建判断矩阵：构建$m$个评价事物，$n$个评价指标的判断矩阵$R$

$$R = \begin{bmatrix} R_{11} & R_{12} & \cdots & R_{1n} \\ R_{21} & R_{22} & \cdots & R_{2n} \\ \vdots & \vdots & \cdots & \vdots \\ R_{n1} & R_{n2} & \cdots & R_{nn} \end{bmatrix} \quad （4.3）$$

$$Q = (q_{ij})_{m \times n} \quad (i = 1, 2, \cdots, n; j = 1, 2, \cdots, m) \quad （4.4）$$

2）矩阵的无量纲与归一化处理：对原始数据进行无量纲化处理，记$R$中每列的最优值为

$$r_j^i = \begin{cases} \max\limits_i \ r_{ij}, & 其中j指标为正向指标 \\ \min\limits_i \ r_{ij}, & 其中j指标为负向指标 \end{cases}$$

无量纲的矩阵记作$S$，并进行归一化处理，得到归一化矩阵$B$，得到的$b_{ij} \in [0, 1]$，且保留数据之间的比例关系：

$$b_{ij} = \frac{q_{ij} - q_{min}}{q_{max} - q_{min}} \quad （4.5）$$

式中：$q_{max}$、$q_{min}$为同一个指标体系下不同事物的最优值、最不优值。

3）确定评价因素的熵值$H$：

$$H_j = -\frac{1}{\ln m} \sum_{i=1}^{m} q_{ij} \ln q_{ij} \quad （4.6）$$

4）确定评价指标的熵权$M$：

$$M_j = \frac{1 - H_j}{\sum_{j=1}^{n}\left(1 - H_j\right)} \qquad （4.7）$$

通过以上定义计算的熵权结果具有如下性质[259][260]。

当熵值等于最大值1，代表指标$j$上各个案例指标值完全相同，熵权为0，代表该指标的有效信息非常少，可考察数据的质量或考虑其他代替性指标。

当熵值较小时，代表指标$j$上各个案例指标值相差较大，熵权较大，代表该指标有效信息较充足，且各个案例在该指标上具有明显差异，应作为重点。

### 2．熵权计算及结果

根据4.5.2小节耦合关系分析的30个核心指标，结合15个代表性校园基础数据收集，构建熵权法所需的指标与数据集合；通过MATLAB建立数学模型并得到指标赋值结果。在准则层中，运营管理（0.3257）与建成环境（0.3823）所占权重相当；师生参与（0.1573）处于相对次要位置。在指标层中，具有较高权重指标从属于建筑设计改造与建造BE3-1、环境管理OM3-3、投资与采购OM3-1、用地BE1-2，表明这类指标数据质量相对较高，有效信息量大。

## 4.5.5 评价体系的组合赋权结果

根据AHP与熵权法的计算结果，可得两者在准则层、子准则层有一定差异，但并不显著。AHP根据专家价值判断产生，体现专家组对指标重要性的权衡；熵权法依据指标数据计算，反映真实数值信息含量及差异程度。本研究通过AHP—熵权法组合赋权，尽量克服主、客观赋权各自的缺陷，得到赋值结果。

### 1．评价体系组合赋权结果

根据组合权重的加法合成法，$a_{ij}$表示第$i$种方法的第$j$个指标的权重，$b_i$表示第$i$种方法的权重系数（4.10），本研究以AHP层次分析法权重为主，取系数为0.7，熵权法的系数为0.3。组合赋权的赋权结果如下（表4-7）。

$$w_j = \sum_{i=1}^{n} b_i\, a_{ij} \qquad （4.10）$$

### 2．评价体系赋权结果综合性特点
#### 1）治理、运营、教育、科研、参与相融合

评价体系将治理、运营、教育、科研、参与相融合的基础元素，重构于新的三维评价框架中。体系的组合赋权结果与专家反馈的权重区间相符，体现对环境性能的重视（36个指标，整体权重61%），并更具综合性与均衡性。

## 层次分析法—熵权法组合权重赋值结果

表4-7

| 目标层 | 准则层 | 子准则层 | 指标层 |
|---|---|---|---|
| 绿色校园综合评价体系 | 建成环境BE（0.4452） | 场地BE1（0.1331） | 规划BE1-1（0.0265） |
| | | | 用地BE1-2（0.0366） |
| | | | 室外环境BE1-3（0.0115） |
| | | | 绿地BE1-4（0.0176） |
| | | | 雨水基础设施BE1-5（0.0154） |
| | | | 景观品质BE1-6（0.0106） |
| | | | 交通BE1-7（0.0149） |
| | | 设施BE2（0.1501） | 用能设备BE2-1（0.0609） |
| | | | 用水设备BE2-2（0.0352） |
| | | | 信息化设施BE2-3（0.054） |
| | | 建筑BE3（0.1620） | 建筑设计改造与建造BE3-1（0.0736） |
| | | | 建筑材料BE3-2（0.0408） |
| | | | 室内环境BE3-3（0.0328） |
| | | | 历史建筑BE3-4（0.0148） |
| | 运营管理OM（0.3537） | 组织OM1（0.0721） | 策略与计划OM1-1（0.0258） |
| | | | 机构人员OM1-2（0.0282） |
| | | | 协作沟通OM1-3（0.0181） |
| | | 运营OM2（0.1614） | 能源OM2-1（0.0478） |
| | | | 碳排放OM2-2（0.0193） |
| | | | 水资源OM2-3（0.0434） |
| | | | 废弃物OM2-4（0.0193） |
| | | | 生态保护OM2-5（0.0316） |
| | | 管理OM3（0.1202） | 投资与采购OM3-1（0.0425） |
| | | | 能耗监测OM3-2（0.0293） |
| | | | 环境管理OM3-3（0.0234） |
| | | | 身心健康OM3-4（0.0139） |
| | | | 预防与应急OM3-5（0.0056） |
| | | | 公平性措施OM3-6（0.0055） |

| 目标层 | 准则层 | 子准则层 | 指标层 |
|---|---|---|---|
| 绿色校园综合评价体系 | 师生参与EN（0.2009） | 教育EN1（0.0818） | 学生的绿色教育EN1-1（0.0611） |
| | | | 教职工的绿色培训EN1-2（0.0207） |
| | | 科研EN2（0.0513） | 绿色校园相关研究EN2-1（0.018） |
| | | | 研究支持EN2-2（0.0176） |
| | | | 成果与实践EN2-3（0.0157） |
| | | 参与EN3（0.0678） | 校园活动EN3-1（0.036） |
| | | | 当地、社区服务EN3-2（0.0169） |
| | | | 公众参与EN3-3（0.0149） |

**2）宏观、中观、微观相结合**

评价体系指标的遴选中，充分考虑宏观城市层面、中观校园层面及微观建筑层面指标之间的关系，关注相互的包容性与一致性。在对接城市方面，适应性地借鉴《生态城区2017》，主要体现在场地、运营、参与三个子维度（12个指标，整体权重13%）。在对接绿色建筑方面，以国内现行绿色建筑、既有建筑绿色化改造标准为依据，共包含8个指标，占整体权重16%。在考虑城市及建筑指标衔接性的同时，体系以校园层面为核心（57个指标，整体权重71%）。

**3）主观、客观、多主体视角**

本研究体系以客观评价为主，注重各指标的现状性能、措施情况、实施范围及程度；在少数指标中结合主观评价，从而发掘客观评价难以发现的问题[262]，弥补性能与师生感受之间的差异。主观评价主要体现在景观品质、交通、协作沟通、身心健康、公平性措施等局部选项中，与客观评价呈互补作用，共涉及12个指标，整体占比6%。

# 4.6 本章小结

本章基于问题和目标导向相统一原则，在综合京津冀代表性校园问题，及国内外典型评价体系特征的基础上，以跨学科视角、多领域专家参与、主客观相结合的方式，构建高校绿色校园综合评价体系。

1）基于问题和目标导向相统一，分析我国绿色校园评价体系的发展方向与具体原则；结合绿色校园现阶段整体发展水平，以系统、科学的方法确定评价体系的主要评价目的、基本设置、权重范围及评价内容，作为我国绿色校园综合评价体系深化的基础。

2）从高校的核心功能、绿色校园主要建设内容、利益相关者权责分配出发，建立高校绿色校园综合评价体系的核心框架；并基于评价体系的主要元素进一步遴选、确定具体的指标与基准线参照，形成3个主要维度、9个子维度方面、77个指标的评价指标体系。

3）构建高校绿色校园系统动力学模型，分析子系统之间耦合关系，并通过层次分析法与熵权法的组合赋权方式，分层确定指标权重。根据组合赋权结果，一级指标中，建成环境（45%）占据最大权重，其次是运营管理（35%）及师生参与（20%）。至此，研究形成了较为完整的高校绿色校园综合评价体系。

第 **5** 章

高校绿色校园评价
体系的验证与优化

本章通过综合性、主客观结合的方法优化评价细节、验证评价体系的科学性、合理性、适用性；以第2章15个京津冀代表性校园案例为基础，通过实例比较验证、专家评价验证结合的方式对体系的基本设置、指标与权重、评价流程进行逐步深入、完整的测试，调整优化局部细节，从而形成可实施、可推广、可持续的评价体系。

# 5.1　绿色校园评价体系的验证流程与方法

## 5.1.1　评价体系的验证流程

研究以第4章完整的"基础版评价体系"为基础，对其基本设置、指标内容、评价流程与结果进行充分验证。一方面应验证评价本身基本设置与内容的合理性；另一方面应分析评价过程与结果的科学性，从而形成较为全面的验证。

在评价体系验证流程方面，本小节提出从15个案例样本初步性验证到5个案例的深入性验证，从基于本研究评价体系的实证到典型评价体系测评结果对比，从专家对案例校园具体反馈到对评价体系的整体验证，完成从概括到具体，从单一到多体系对比，从个案到整体的综合性验证。根据案例测试结果以及专家反馈意见，对评价体系局部细节、评价流程进行合理优化，形成"优化版评价体系"及配套"评价设置"（图5-1）。

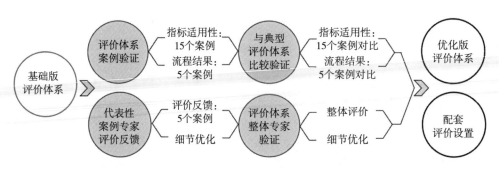

图5-1　高校绿色校园评价体系的验证流程

## 5.1.2 评价体系的验证方法

**1. 案例实测验证**

**1）案例验证**

首先是指标的适用性验证，基于Nikhat Parvez等（2018）[263]提出的指标适用性分类，按照数据来源及详细程度分为四类（正式实施的措施、非正式实施的措施、有一些相关信息、几乎没有相关信息），并分别计算比例，初步验证本研究评价体系指标对15个案例的适用程度。

接下来是评价过程与结果验证，在适用性验证基础上，选取信息较为充足、但具有一定差异性的5个案例进行完整测算，检验评价流程并得到评价结果。

**2）与典型体系对比**

基于京津冀案例，选取国内外具有典型性和权威性评价体系，以美国STARS、印尼GM、日本ASSC，以及《绿色校园2019》为例，以同样的流程分析典型评价体系的指标适用性、评价结果差异性。

**2. 专家评价验证**

**1）代表性案例专家评价**

以5个完整评价案例为例，邀请熟悉案例校园的各领域专家组成验证小组（10～15位专家），优化、完善评价细节，以相对一致的评价结果完成验证。

**2）专家整体性评价验证**

邀请本研究专家组对评价体系的基本设置、指标内容、流程与结果进行整体性评价；对于整体与细节提出建议与意见。

指标适用性按照信息的发布渠道与详实程度分为以下四个类型（表5-1）。

指标参评信息分类 表5-1

| 缩写 | 含义 | 具体说明 |
|---|---|---|
| F<br>（Formal） | 正式实施的措施 | 在校园官方网站、文件、公众号等公开发布的，实际实施的 |
| NF<br>（Not Formal） | 非正式实施的措施 | 在校园里存在或可见的，但在相关官方信息中未公布 |
| SE<br>（Some Evidence） | 有一些相关信息 | 有一些相关性信息，但不完善或不完全切题；根据官方信息和实际调研推断得到的 |
| NE<br>（None Evidence） | 几乎没有相关信息 | 信息不足，或暂未实施的 |

## 5.2 绿色校园评价体系的案例实测验证

### 5.2.1 京津冀校园案例的实证

#### 1．指标适用性验证

基于本研究评价体系，根据15个案例相关信息进行测评，从整体上看，仅约26%的指标缺乏评价信息（NE），大多数指标对于案例校园具有较好的适用性；对于单个校园案例，大部分案例可参评指标达到80%及以上，仅约20%的指标缺乏相关信息（图5-2）。

但是，仍然存在个别案例评价信息不足，缺乏相关信息（NE）的部分占比达到约60%及以上（9YY、11TY、12BD、13LF）；由于信息公开不足，或者绿色校园建设处于非常初级的阶段而缺乏相关数据，不适宜参与完整评价。筛除这类案例后，整体上信息不足的指标比例下降，达到约15%（图5-3）。

因此，本研究认为可设置难度具有差异性的诊断评价、正式评级两级流程；诊断评价难度相对较低，鼓励处于不同发展程度的校园参评，并对案例进行一定的筛选，不仅为校园提供基础性评价，也保障深入评价的质量。利用第4章耦合

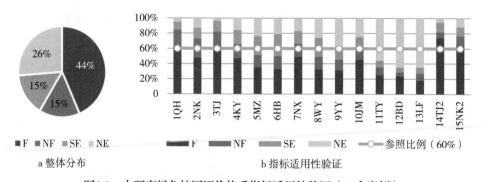

图5-2　本研究绿色校园评价体系指标适用性验证（15个案例）

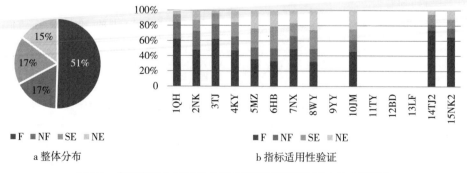

图5-3　本研究绿色校园评价体系指标适用性验证（11个案例）

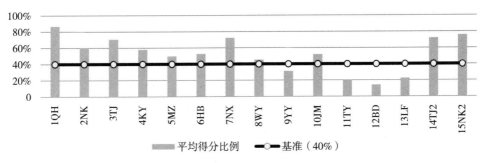

图5-4　核心30个指标适用性验证（15个案例）

机制分析的30个核心指标进行"诊断评价"，按照每个指标分值相等的方式，计算整体得分比例（图5-4）。根据计算结果，适用性测试中的4个信息不足案例在"诊断评价"的得分比例均低于40%，因此可以设置诊断评价总分得分比例达到40%的案例继续参与深入评价。

### 2. 评价流程与结果验证

在指标适用性测试基础上，筛除4个参评信息不足的案例，剩余11个案例的可参评数据信息均达到60%以上，适宜进行深入评级。

本研究选择指标适用性测评（核心30个指标得分比例）具有一定差异性的5个案例：1QH（87%）、3TJ（70%）、6HB（52%）、8WY（45%）、14TJ2（72%）进行详细验证。通过计算，1QH、3TJ、6HB、8WY与14TJ2这5个案例得分计算结果如下（表5-2）。

本研究绿色校园综合评价得分比例——验证小结　　　　　　　　表5-2

| 一级指标 | 得分S<br>得分比例$M_A/M_B/M_C$ | | | | | 二级指标 | 得分S<br>得分比例$M_R$ | | | | |
|---|---|---|---|---|---|---|---|---|---|---|---|
| | 1QH | 3TJ | 6HB | 8WY | 14TJ2 | | 1QH | 3TJ | 6HB | 8WY | 14TJ2 |
| 建成环境<br>BE | 123<br>80% | 100<br>64% | 83<br>53% | 88<br>56% | 131<br>84% | 场地<br>BE1 | 39<br>84% | 24<br>61% | 16<br>41% | 22<br>46% | 40<br>85% |
| | | | | | | 设施<br>BE2 | 50<br>93% | 50<br>93% | 44<br>80% | 41<br>78% | 50<br>93% |
| | | | | | | 建筑<br>BE3 | 34<br>67% | 26<br>54% | 22<br>46% | 6<br>48% | 10<br>71% |
| 运营管理<br>OM | 137<br>85% | 102<br>63% | 76<br>47% | 80<br>49% | 121<br>75% | 组织<br>OM1 | 28<br>81% | 25<br>73% | 21<br>61% | 26<br>75% | 27<br>81% |
| | | | | | | 运营<br>OM2 | 67<br>87% | 48<br>62% | 32<br>42% | 25<br>34% | 54<br>70% |
| | | | | | | 管理<br>OM3 | 42<br>87% | 30<br>62% | 19<br>89% | 29<br>58% | 41<br>79% |

| 一级指标 | 得分S 得分比例$M_A/M_B/M_C$ | | | | | 二级指标 | 得分S 得分比例$M_R$ | | | | |
|---|---|---|---|---|---|---|---|---|---|---|---|
| | 1QH | 3TJ | 6HB | 8WY | 14TJ2 | | 1QH | 3TJ | 6HB | 8WY | 14TJ2 |
| 师生参与 EN | 80 89% | 67 75% | 64 72% | 53 60% | 72 80% | 教育 EN1 | 32 92% | 29 81% | 26 65% | 22 57% | 31 90% |
| | | | | | | 科研 EN2 | 21 91% | 18 81% | 18 82% | 14 60% | 18 82% |
| | | | | | | 参与 EN3 | 27 83% | 20 60% | 20 63% | 17 57% | 23 70% |

## 5.2.2 与典型评价体系的比较验证

在对本研究评价体系完整使用的基础上，进一步通过与国内外典型评价体系对比，验证优化评价细节。

**1. 指标适用性比较**

以日本ASSC、美国STARS、印尼GM、《绿色校园2019》作为比较验证的典型参照体系，并仍按照以下4种分类（F：正式实施的措施；NF：非正式实施的措施；SE：有一些相关信息；NE：几乎没有相关信息）对指标的适用性进行初步验证。

**1）日本ASSC指标适用性比较**

日本ASSC的适用比例相对较低，整体上信息不足（NE）的比例高达52%，15个案例的指标适用性比例均未达到60%（图5-5）。

**2）美国STARS指标适用性比较**

美国STARS的适用性相对日本ASSC略高，整体上信息不足（NE）比例约为46%，三分之一案例的指标适用性比例达到参照标准60%（图5-6）。

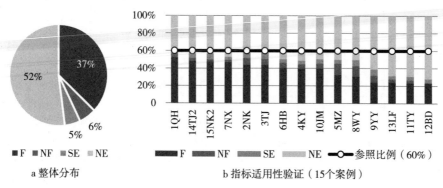

a 整体分布　　　　　　　b 指标适用性验证（15个案例）

图5-5　日本ASSC指标适用性验证

3）印尼GM指标适用性比较

印尼GM指标适用性比例在3个国外体系中相对较高，整体上信息不足（NE）比例约为43%，约一半案例的指标适用性达到60%（图5-7）。

4）《绿色校园2019》指标适用性比较

相比之下，《绿色校园2019》指标适用比例最高，整体上信息不足（NE）比例约为24%，不到三分之一案例的适用性未达到60%（图5-8）。

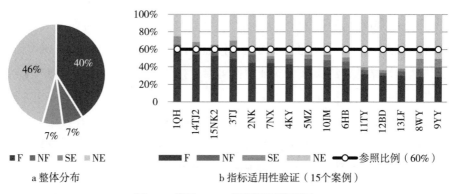

图5-6　美国STARS指标适用性验证

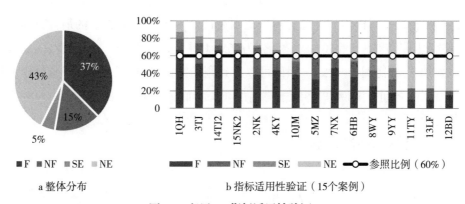

图5-7　印尼GM指标适用性验证

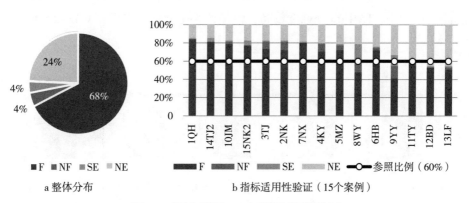

图5-8　《绿色校园2019》指标适用性验证

从评价体系整体适用性比较来看，4个评价体系指标适用性比例均大于40%，其中3个国外评价体系适用性整体比例均未达到60%。根据适用性比例平均值，指标适用性增加的顺序依次是：日本ASSC（48%）、美国STARS（54%）、印尼GM（57%）、《绿色校园2019》（72%），以及本研究绿色校园综合评价体系（78%）；筛除诊断评价适用性不足的案例后，本研究综合评价体系适用性平均比例可达到85%。可以看出，本研究体系对于京津冀校园适用性相对较好。

**2. 评价结果差异性比较**

以5.2.1小节深入验证的5个案例为例，应用典型评价体系对评价结果进行对比验证。研究对5个典型评价体系的适用性进行分析（图5-9），日本ASSC评价体系整体适用性略低，绝大部分验证案例可参评指标比例低于60%的参照比例，因此不进行进一步比较。

以印尼GM、美国STARS、《绿色校园2019》三个评价体系为例，结合本研究提出的综合评价体系，对五个案例的评价结果进行比较分析，通过"得分比例"进行换算，并结合评价体系设置的排名或者评级方式进行分析。

**1）印尼GM评价结果**

印尼GM为排名体系，总分为10000分，根据2020年的最新排名结果，共有来自全球的912所高校参与，总分得分范围为175～9555分。前20%的最低分为6975（得分比例约70%），前40%的最低分为5650（得分比例约56%），前60%的最低分为4800（得分比例约48%）。因此可以大致判断案例14TJ2、1QH位于整体排名的20%～40%之间，案例3TJ略低于排名的40%，而案例6HB、8WY排名在60%之后（图5-10）。

**2）美国STARS评价结果**

美国STARS为评级体系，总分共205分，根据总分分为报告者（不公开得分）、铜牌（最低25分，得分比例12%）、银牌（最低45分，得分比例22%）、金牌（最低65分，得分比例32%）、铂金（最低85分，得分比例41%）。相较于其他评价体系，美国STARS得分难度较高，但是评级得分比例要求相对较低。根据计

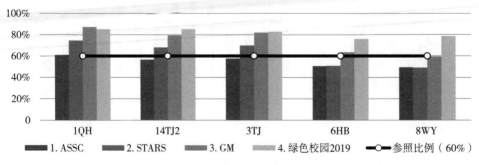

图5-9 指标适用性比较（5个代表案例可参评指标比例）

算，案例1QH为金牌（得分82.5），得分非常接近铂金；案例14TJ2、3TJ为金牌；案例6HB为银牌；8WY为铜牌（图5-11）。

3）《绿色校园2019》评价结果

我国《绿色校园2019》为评级体系，结果根据总分分为一星级（最低50分，得分比例50%）、二星级（最低60分，得分比例60%）、三星级（最低80分，得分比例80%）3个等级。根据计算，案例14TJ2、1QH为三星级，3TJ为二星级，8WY、6HB达到一星级（图5-12）。

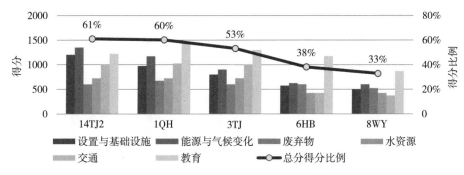

图5-10　印尼GM评价结果（5个案例）

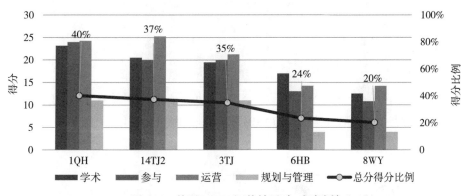

图5-11　美国STARS评价结果（5个案例）

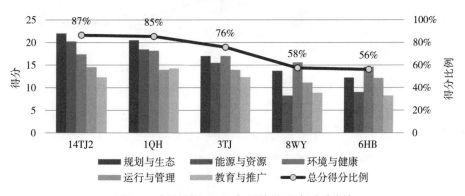

图5-12　《绿色校园2019》评价结果（5个案例）

**4）典型评价体系的评价结果比较**

在京津冀5个案例评价结果比较之前，首先对美国STARS与印尼GM共同参评高校发布的评价结果进行比较，分析其相关性。本研究基于2020年GM最新排名结果[264]，与STARS报告[265]进行对比，共查找到16个共同参评高校（图5-13），与既往研究得出的结果不同[128]，本次比较基于更新版的体系与数据，得出两个评价体系评价结果具有一定相关性，虽然美国STARS与印尼GM的评价目的、导向、主要权重有所差别，结果排名也不完全一样，但整体结果体现出大体一致的趋势。

通过5个案例详细测评，对典型评价体系结果进行对比（图5-14，表5-3）。整体上看，3个典型评价体系均将5个案例分为三个等级：1QH、14TJ2为相对较高等级、3TJ位于中间近高等级、6HB和8WY位于相对较低等级。

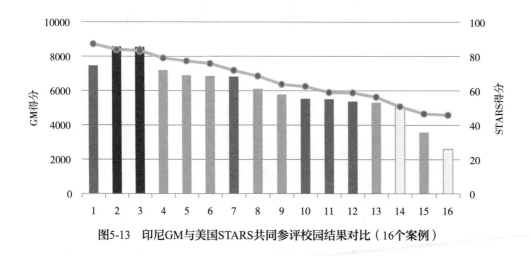

图5-13　印尼GM与美国STARS共同参评校园结果对比（16个案例）

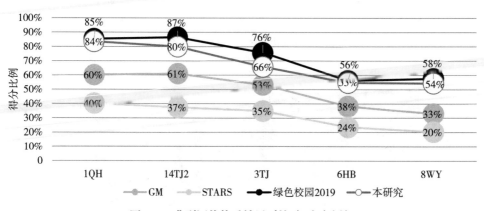

图5-14　典型评价体系结果对比（5个案例）

| 案例 | 结果 | 印尼GM | 美国STARS | 绿色校园2019 | 本研究 |
|------|------|--------|-----------|-------------|--------|
| 1QH | 得分比例 | 60% | 40% | 85% | 84% |
| | 评价结果 | 整体排名20%~40% | 金牌<br>近铂金 | 三星级 | — |
| 14TJ2 | 得分比例 | 61% | 37% | 87% | 80% |
| | 评价结果 | 整体排名20%~40% | 金牌 | 三星级 | — |
| 3TJ | 得分比例 | 53% | 35% | 76% | 66% |
| | 评价结果 | 略低于<br>整体排名40% | 金牌 | 二星级 | — |
| 6HB | 得分比例 | 38% | 24% | 56% | 55% |
| | 评价结果 | 整体排名60%之后 | 银牌 | 一星级 | — |
| 8WY | 得分比例 | 33% | 20% | 58% | 54% |
| | 评价结果 | 整体排名60%之后 | 铜牌 | 一星级 | — |

比较4个体系的评分结果，虽然不同体系对得分相对较高的1QH、14TJ2，以及得分相对较低的6HB和8WY的评价排名有细微的差别，但整体上4个评价体系对于案例的测评结果体现出基本相同的趋势，美国STARS整体上得分比例最低，其次是印尼GM、本研究体系以及《绿色校园2019》。

根据案例测评结果，本研究评价体系针对京津冀校园案例具有相对较好的适用性，得分率相对国外典型体系较高，相对于《绿色校园2019》低2%~10%，评价内容的综合性更高，体现出对相对更加均衡的绿色校园建设目标的关注，并补充治理、经济、社会等细部指标。

## 5.3 绿色校园评价体系的专家反馈验证

本节基于5.2小节得出的分析验证结果，再次邀请相关专家对评价体系具体的内容、设置、案例的评价结果进行验证，通过多重验证优化评价体系的细节设置。

### 5.3.1 代表性案例的专家反馈验证

根据5.2小节选取的5个验证案例，本研究邀请案例3TJ与14TJ2的相关专家，结合评价结果，对评价体系进行意见反馈，共有10位专家参与验证。

在评价体系的整体构思与逻辑推演方面，专家们表示同意；反馈意见主要集中在具体的细节设置方面，如评价内容的表达方式、某个指标的基准线参照选取、评价流程与结果表达等方面。根据专家意见反馈，本研究对评价体系的指标与基准线描述细节进行优化，并对指标内嵌套与参照的体系具体化，从而更加清晰、明确地表达评价内容。

### 5.3.2  评价体系整体性的专家反馈验证

在5.3.1小节专家意见的基础上，本研究提出对评价流程与结果的优化设计，邀请专家对评价体系进行整体验证，共19位专家参与评价反馈。专家评分采用李克特5级量表的形式（1分为非常不满意；5分为非常满意，以此类推），对具体的评价方面进行打分（表5–4）。

评价体系整体性的专家参与验证评分                表5-4

| 评价方面 | 平均分 | | | 得分区间 |
| --- | --- | --- | --- | --- |
| | T组 | K组 | 整体 | |
| 基本设置<br>（评价对象、指标类型、评价周期、验证方式、结果发布） | 4.1 | 4.0 | 4.0 | 3～5 |
| 指标内容<br>（具体指标设置与基准选择） | 3.8 | 3.9 | 3.8 | 3～5 |
| 流程与结果<br>（两级评价流程、结果合理性） | 4.3 | 4.1 | 4.3 | 3～5 |

整体看来，专家对评价体系的基本设置、指标内容，以及对提出的流程与结果优化方式表示比较满意。部分专家表示基本设置、两级评价流程的提出具有较强的创新意义；部分专家提出对"绿色建筑"评分要求不应过高，按照国际上较为普遍的"绿色建筑认证比例"的方式进行评分或许会降低高校的积极性，应鼓励高校对既有建筑的绿色化改造。参照专家的具体意见，本研究对指标内容的细节进行优化，作为第6章分析基础。

## 5.4  绿色校园评价体系的综合验证结果与优化

### 5.4.1  综合验证结果

案例测试与专家评价相结合的综合验证得出以下结果。

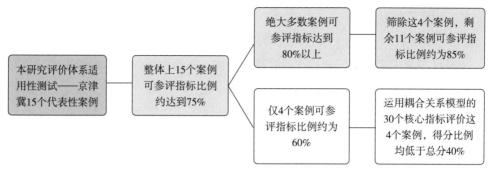

图5-15　本研究评价体系指标适用性验证结果——基于京津冀15个代表性案例

1．本研究评价体系对京津冀高校整体适用性较好，个别适用性不足的案例可进行初级诊断评价（图5-15）。

1）整体看来，本研究评价体系的指标对于大部分案例具有较好的适用性，15个案例的可参评指标比例约达到75%。

2）对于单个案例，绝大多数案例可参评指标达到80%及以上，指标适用性较好；仅4个案例可参评指标约为60%，不适宜参与完整的评价；筛除后，剩余11个案例可参评指标达到约85%，适宜进一步深化评级。

3）利用本研究体系耦合关系分析的30个核心指标进行"初级评价"，按照每个指标分值相等计算，4个信息不足案例得分比例均低于总分40%，因此可以设置得分比例达到40%的案例继续参与正式评价。

2．本研究体系对于京津冀高校体现出更好的适用性。选取具有权威性的日本ASSC、美国STARS、印尼GM、《绿色校园2019》进行指标适用性对比。

1）国外评价体系的指标适用性整体略低于国内评价体系，根据15个案例整体可参评指标比例，适用性增加的顺序依次是：日本ASSC（48%）、美国STARS（54%）、印尼GM（57%）。

2）本研究评价体系对于京津冀案例的适用性略高于《绿色校园2019》（72%）；筛除掉适用性不足案例，本研究体系可参评指标比例达到85%。

3．本研究评价体系得到的结果符合预期，与典型评价体系体现出一致的趋势，通过5个具有差异性的京津冀代表性案例评价结果验证。

1）本体系与典型评价体系的测评结果体现出一致的整体趋势，均将5个案例分为3个等级，得分相对国外典型体系较高，但略低于《绿色校园2019》。

2）与典型评价体系相比，本研究体系在提高对京津冀高校适用性的基础上，针对绿色校园现状问题，遴选并吸纳典型体系的特征，评价内容综合性更高，得分难度也有所提升。因此，根据适用性与结果的综合比较，本研究体系更好地平衡了适用性与得分难度，从而体现出一定的创新性。

## 5.4.2 细节优化提升

通过多重深度测试与分析比较验证,整体上本研究评价体系的构建达到预期目标,可在细节与配套设置方面进行优化。

1)评价流程应进行分级,设置"诊断—评级"两级流程。通过30个核心指标对案例进行"诊断",筛除得分比例低于40%的案例。既能鼓励处于不同绿色化程度的校园参与评价,通过初步评价指明整体的发展方向,又能判断评价信息的充分程度,保障深化评级质量。

2)评价配套可更合理,配置计算过程清晰、可重复、要点明确的计算工具。根据两级评价流程,衍生成为"诊断—评级"两级评价计算工具;计算工具一以核心指标为依据,快速测评校园的整体现状,得到初步评价结果,并作为判断是否进行正式评价的依据;计算工具二则得到深入的、系统化评价结果。

3)评价结果可进行合理分类,体现对结果的类型化归纳。评价结果体现出评价体系内容设置的合理性,并可通过整体与各维度得分比例表达结果的均衡性特征。因此,可以进一步对评价结果进行类型化分析与表达,从而更好地把握参评校园的特征,指导其未来发展。

## 5.5 本章小结

本章在第4章提出的高校绿色校园综合评价体系基础上,根据京津冀校园案例,以主客观综合的方法,充分验证评价内容、过程、结果设置的合理性,为评价流程的优化设置提供依据。

1)以15个校园数据库为例,通过对评价指标适用性的分类测算,初步验证本研究评价体系具有较好的适用性,并深入5个案例,进一步以典型参照体系进行验证;验证评价结果表明本研究评价体系在与典型体系评级结果趋势相近,且在适用性提升的同时,体现了本评价体系的综合性特点。

2)通过专家评价验证,进一步验证本研究评价体系整体上的科学与合理性,并根据具体意见反馈,在概念与内容清晰化表达、评价流程合理化设置、评价工具便捷化设计以及评价结果特征化等方面进一步完善,提升评价指标设置的合理性与清晰性。

3）基于由浅入深、由个案到一般的多重验证，本研究充分验证了评级体系整体设计的合理性，并在细节上提出针对性的优化建议，将在内容上进一步细化指标的适用范围；在评价流程中设置分级的、使用便捷的评价流程；以及对于评价结果的类型化、可视化分析，从而配合完成评价体系的完整应用。

第 **6** 章

**高校绿色校园评价
方法的两级评价流程**

在第4、5章基础上，本章基于问题与目标导向相统一原则，构建高校绿色校园"初级诊断—深化评级"两级流程，可视为评价体系的使用说明书，具体阐述优化设置内容、指标测评的计算方法、结果的分类以及表达方式；并分析其突出特点，从而更好地与使用衔接，形成功能明确、使用便捷、用户友好的评价体系配套设置，通过构建面向绝大多数校园的"初级诊断"流程，及面向一定发展基础校园的"深化评级"流程，完整地构建回应高校现状问题、引导高校逐步迈进可持续发展目标的绿色校园综合评价体系，并阐述评价对设计的指导作用与具体运用方式。

# 6.1　绿色校园评价方法的优化

## 6.1.1　分级化的应用对象

两级评价流程的设置对应评价的两个阶段，通过分级化设计，在诊断阶段鼓励处于不同建设程度的校园参与评价，概括性参评校园的绿色化建设现状，形成初步的整体画像；在达到初步要求的基础上，参与系统性评级，得到更为全面的、深入的评价结果，为校园制定差异化引导性策略提供参考。

在诊断阶段，评价对象面向各个绿色发展阶段的高校校园，期望鼓励不同绿色化程度的校园参与，可通过公开信息及数据进行评价，评价难度较低，适应性强，从而描述绿色校园主要维度的建设现状。在深化评级阶段，评价对象是面向有一定发展基础的绿色校园，需要相对更加全面、精确的数据，进行科学、深入的评价，评价难度相对较高，最终得到系统性评级结果。

## 6.1.2　递进式的使用流程

诊断和评级形成一个递进的评价流程，高校通过使用与反馈，可以及时分析绿色校园建设的综合状态，从而明确绿色校园目标、状态、策略之间的关系，把控短期、中期及长期的建设进度和方向，制定策略实施的路径和步骤，从而更加高效地实现绿色校园发展的阶段性目标。

通过设置递进式使用流程，诊断结果仅仅筛除了一部分评价信息极其不充足，或绿色校园建设尚未开展的案例，保障了深化评价信息的可获取性，减少资源浪费。同时，未能达到评级数据要求的案例，仍可参照完整的评价指标内容，作为制定发展目标和策略的依据。两级评价通过设置递进式评价流程，以适用性较强、使用便捷友好的方式，鼓励高校定期参与评价，持续性向绿色校园目标迈进，形成良性循环。

### 6.1.3 类型化的评价结果

两级流程提供了不同深度的评价结果，并通过类型化评价结果概括校园的评级特征。在初级诊断阶段，根据整体得分比例，从"预备级"到"高级"类型化现阶段绿色校园的建设程度，并可以通过3个主要维度得分与平均分所处等级比较，分析参评校园3个维度发展的均衡性，得到初步的"类型画像"。

在深化评级阶段，随着问题细化与深入，在描述整体得分比例分类的基础上，评价结果通过分析9个子维度的均衡性，对比校园在该等级中的驱动力与阻力，判断绿色校园建设的优势与劣势，为未来的发展提供依据（图6-1）。

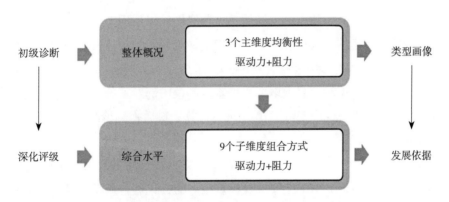

**图6-1 高校绿色校园综合评价两级流程的类型化结果比较**

## 6.2 绿色校园的两级评价流程

基于问题与目标导向相统一的研究路径，本研究根据我国绿色校园评价体系的三个主要目的，提出构建"初级诊断""深化评级"两级流程，并进一步在第7章提出实现绿色校园目标的实施保障机制；基于两级流程的主要目的，在对象、流程、数据要求、结果表达方面进行具体设置，从而向不同建设阶段的绿色校园提供诊断性、深度性评级，以及针对性策略引导（表6-1）。

| 高校绿色校园<br>综合评价两级流程 | 1. 初级诊断 | 2. 深化评级 |
|---|---|---|
| 使用对象 | 各个发展阶段校园（至少连续运营12个月） | 有一定绿色发展基础的校园，建议诊断得分比例>40% |
| 使用流程 | 建议首先使用 | 建议在诊断后使用（或直接使用） |
| 数据要求 | 比较低 | 比较高 |
| 结果 | 得到概括性、较为初步的绿色校园主要方面现状评价 | 得到完整的、深度的绿色校园综合评价结果 |
| 作用 | 为高校提供绿色校园初步诊断，分析各主维度发展概况 | 为高校提供绿色校园全面分析，比较主维度及子维度发展的均衡性 |
| 意义 | 为确定我国绿色校园整体发展概况提供基础数据 | 为更精确地建立评价基准提供完备数据库，为发展决策提供依据 |

高校绿色校园综合评价两级流程的基础设置　　　　表6-1

## 6.2.1　绿色校园的初级诊断

### 1．基础介绍

高校绿色校园的初级诊断是本评价体系的简化版，在保留评价体系框架与核心元素的同时，着重考虑数据的公开性、可获取性，以适用于各个发展阶段的校园，为高校提供快速的、概括性的评价，确定绿色校园的整体发展情况。

绿色校园诊断评价参与便捷（图6-2）。首先是数据准备，绝大部分数据通过高校官网公开性数据和信息获取，也可基于高校内部专家的自评价得到更精准的结果；其次是基于Excel构建的工具一进行计算；最后得到诊断分数。

### 2．评价流程

诊断指标体系延续了本研究提出的评价框架，按照建成环境（A）、运营管理（B）、师生参与（C）三个主要维度权重相等的方式进行结果计算，从而更加明确地表达绿色校园整体状态及在这三个维度建设的均衡性，具体指标及评价基准见表6-2、表6-3。

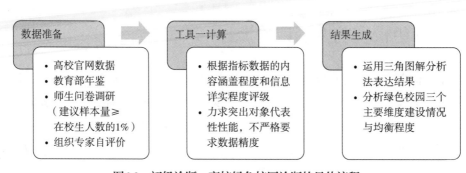

图6-2　初级诊断：高校绿色校园诊断的具体流程

## 初级诊断：高校绿色校园诊断指标体系　　　　　　　　　　表6-2

| 维度 | 子维度 | 序号 | 指标 | 具体描述 | 权重 |
|---|---|---|---|---|---|
| 建成环境（A） | 场地（a1） | 1 | a11生均用地面积 | 生均用地面积（米²/人）=核心教学区用地面积/在校生总人数（定量） | 1 |
| | | 2 | a12室外环境 | 室外环境满意程度（师生/专家自评价） | |
| | | 3 | a13绿地率 | 绿地率（%）=（绿地面积/用地面积）×100%（定量） | |
| | | 4 | a14雨水设施 | 雨水基础设施的建设与分布情况 | |
| | | 5 | a15景观品质 | 校园景观品质（师生/专家自评价） | |
| | | 6 | a16慢行环境 | 校园慢行环境的安全性、便捷性与舒适性（师生/专家自评价） | |
| | 设施（a2） | 7 | a21节能节水设备 | 校园节能节水设备普及程度，或采用措施减少设备使用 | |
| | | 8 | a22信息化设施 | 无线网络、一卡通系统等信息化校园设施普及程度 | |
| | 建筑（a3） | 9 | a31绿色建筑设计 | 绿色校园建筑设计达标面积（绿建一星）比例（%）（定量） | |
| | | 10 | a32绿色建筑改造 | 绿色校园建筑改造达标面积（改造一星）比例（%）（定量） | |
| 运营管理（B） | 组织（b1） | 11 | b11绿色校园目标 | 高校绿色校园发展目标 | 1 |
| | | 12 | b12管理机构与运营 | 绿色校园管理机构与运营情况 | |
| | | 13 | b13问题反馈途径 | 绿色校园问题反馈途径 | |
| | 运营（b2） | 14 | b21废弃物处理 | 废弃物处理措施* | |
| | | 15 | b22可再生能源利用 | 可再生能源的利用情况 | |
| | | 16 | b23水资源循环利用 | 水资源循环利用情况 | |
| | 管理（b3） | 17 | b31年生均总预算 | 校园年度生均总预算（元）=高校年度总预算/在校生人数（定量） | |
| | | 18 | b32管理制度 | 绿色校园相关管理制度 | |
| | | 19 | b33能耗监测管理 | 校园能耗监测管理系统与水平 | |
| | | 20 | b34智能化措施 | 采取智能化措施，提高用能空间使用率，降低校园能耗 | |

| 维度 | 子维度 | 序号 | 指标 | 具体描述 | 权重 |
|---|---|---|---|---|---|
| 师生参与（C） | 教育（c1） | 21 | c11绿色课程比例 | 绿色课程比例（%）=绿色校园相关课程数量/所有课程数量（定量） | 1 |
| | | 22 | c12参加绿色课程比例 | 参加绿色课程比例（%）（师生/专家自评价）（通过问卷抽样调查，答卷数量≥在校生人数1%）（定量） | |
| | | 23 | c13教职工绿色培训 | 根据相关培训提供情况评估教职工绿色培训程度 | |
| | 科研（c2） | 24 | c21绿色科研 | 高校参与绿色相关主题的科研的程度 | |
| | | 25 | c22科研经费 | 高校年度绿色科研经费支持程度 | |
| | | 26 | c23科研实践应用 | 高校绿色科研实践与应用程度 | |
| | 参与（c3） | 27 | c31绿色活动 | 绿色活动的组织与参与程度 | |
| | | 28 | c32企业学校政府合作 | 企业、学校与政府合作绿色相关的项目 | |
| | | 29 | c33当地社区服务 | 为当地、社区提供志愿服务，传播绿色文化 | |
| | | 30 | c34信息公开 | 高校官网对绿色校园相关信息公开与宣传程度 | |

*指标3、9、10、17、21、22的定量评估参照4.4.3基准线设置。

*指标1取值根据本研究15个案例样本取值标准化到0～4之间计算得到，$S_{all}$表示指标得分，$X_1$表示生均用地面积，$X_{max}$与$X_{min}$分别表示最大值与最小值取值范围，本研究15个案例中，$X_{max}=170$，$X_{min}=11$；$S_{all}$计算方式为：$S_{all}=\{1-（X_1-X_{min}）/（X_{max}-X_{min}）\}\times 4$。

### 初级诊断：高校绿色校园诊断指标体系评分要求　　　　　　　表6-3

| 评分要求 | 分值 | | | | |
|---|---|---|---|---|---|
| | 0 | 1 | 2 | 3 | 4 |
| 内容涵盖程度和信息详实程度 | 完全没有 | 不足25% | 约25%～50% | 约50%～75% | 超过75% |
| | 非常欠缺 | 比较欠缺 | 一般 | 比较良好 | 非常好 |

### 3．数据计算

绿色校园诊断评价利用Excel软件实现快速计算，3个主维度各包含10个指标，每个指标满分均为4分，总分为120分，是等权重的均衡性体系；评分完成后，首先计算得到初始的建成环境得分值（$Y_{A'}$）、运营管理得分值（$Y_{B'}$）、师生参与得分值（$Y_{C'}$），以及三者平均分（$Y_{Z'}$）；然后将分值标准化到0～1之间，得到标准化的建成环境得分值（$Q_A$）、运营管理得分值（$Q_B$）、师生参与得分值（$Q_C$），以及平均分（$Q_Z$）。

### 4．评价结果

根据平均分（$Q_Z$）取值判断整体得分所处等级（表6-4）；根据等级评定，"预备级"处于绿色校园建设比较初级的阶段，往往会出现数据不足的现象，因此不建议进入评级阶段，但仍可参照评级指标为绿色校园的发展制定计划。

初级诊断：高校绿色校园诊断结果的等级评定　　　　　　　　　表6-4

| $Q_z$数值取值范围 | 等级 |
| --- | --- |
| $0 \leqslant Q_z < 0.4$ | 预备级 |
| $0.4 \leqslant Q_z < 0.6$ | 初级 |
| $0.6 \leqslant Q_z < 0.8$ | 中级 |
| $0.8 \leqslant Q_z < 1.0$ | 高级 |

预备级不建议继续进行系统评级，但可参照评级指标进行计划制定。

根据各维度评价结果，确定建成环境得分值（$Q_A$）、运营管理得分值（$Q_B$）、师生参与得分值（$Q_C$）所属等级（表6-5）；通过三角形图解对比得分值（$Q_R$表示三个维度任一维度的得分）与平均值之间的关系（表6-6）。

初级诊断：高校绿色校园诊断结果的均衡性评定　　　　　　　　表6-5

| $Q_R$与$Q_z$所属等级的关系 | 等级 |
| --- | --- |
| 当$Q_R$所属等级高于$Q_z$ | $Q_R$为驱动型维度 |
| 当$Q_R$所属等级低于$Q_z$ | $Q_R$为阻力型维度 |
| 当同一案例所有$Q_R$所属等级与$Q_z$相同 | 均衡型 |

初级诊断：高校绿色校园诊断结果示例　　　　　　　　　　　　表6-6

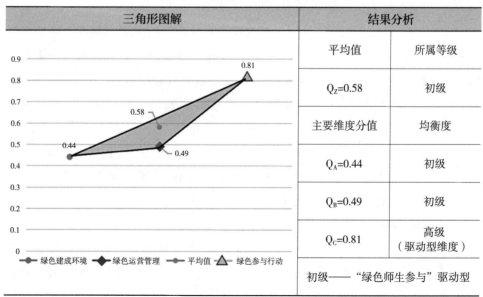

| 三角形图解 | 结果分析 | |
| --- | --- | --- |
| | 平均值 | 所属等级 |
| | $Q_z=0.58$ | 初级 |
| | 主要维度分值 | 均衡度 |
| | $Q_A=0.44$ | 初级 |
| | $Q_B=0.49$ | 初级 |
| | $Q_C=0.81$ | 高级（驱动型维度） |
| | 初级——"绿色师生参与"驱动型 | |

## 6.2.2 绿色校园的深化评级

### 1．基础介绍

绿色校园的深化评级是本研究提出的核心评价方法，是对评价体系的完整应用，着重考虑数据的科学性、准确性，适用于有一定发展基础的校园，从而剖析绿色校园各个子维度的进展，为高校提供系统性深度评价，为未来发展策略的制定提供依据。绿色校园评级流程如图6-3。

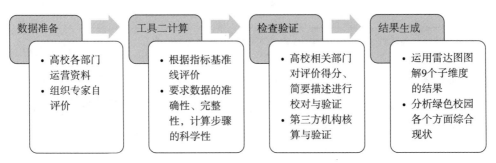

**图6-3　深化评级：高校绿色校园评级的具体流程**

### 2．评价流程

首先是数据准备，基于Excel设计的工具二进行计算，根据基准线评价每个指标（详见4.4.3小节），同时提供不超过150字的简要描述，说明得分依据、计算过程；然后是检查验证，高校、第三方机构将对结果进行核算与验证；最后是结果生成，通过雷达图图解分析各个维度、子维度的等级与发展程度。

### 3．数据计算

绿色校园评级基于Excel计算，评价仅需要对单个指标进行判断，根据指标选项得到原始得分S'，通过内置公式得出结果；具体将S'进行权重赋值换算得到每个指标最终得分S，建成环境得分（$S_A$）、运营管理得分（$S_B$）、师生参与得分（$S_C$）、创新得分（$S_I$）；并分别除以每个维度总分，标准化到0～100%之间，得到建成环境得分比例（$M_A$）、运营管理得分比例（$M_B$）、师生参与得分比例（$M_C$），及创新得分比例（$M_I$）。$M_I$为$S_I$与评价体系总分比值，以及9个子维度得分比例（以$M_R$代表任一子维度），以w代表各维度权重，按照权重赋值计算总分得分比例（$M_S$），$M_S = M_A \times w_A + M_B \times w_B + M_C \times w_C + M_I$。

### 4．评价结果

首先，根据总分得分比例（$M_S$）以及9个子维度得分比例（$M_R$）取值判断参评校园整体的所处等级（表6-7）；评级不仅对总分得分比例（$M_S$）的最小值进行约束，而且对每个等级中9个分项的相对低分的项数进行约束，对绿色校园的

深化评级：绿色校园评价结果的等级评定　　　　　　　表6-7

| 评级 | 得分要求（$M_S$） | 各分项得分（$M_R$）最低比例要求<br>（9个分项）* |
|---|---|---|
| 起步级 | 40%≤$M_S$<50% | 无 |
| 浅绿级 | 50%≤$M_S$<60% | 低于40%分项不超过3个 |
| 中绿级 | 60%≤$M_S$<80% | 低于40%分项不超过2个 |
| 深绿级 | 80%≤$M_S$<100% | 低于40%分项不超过1个 |

*若总分比例满足，分项得分无法满足，则降低一级。

综合性、均衡性有一定要求。

然后，对起步级以上校园的9个子维度的得分比例进行分类（表6-8），其中任一维度得分比例（$M_R$）小于40%为阻力维度；得分比例大于80%为驱动维度，结果见表6-9。

深化评级：绿色校园评价的类型化结果　　　　　　　表6-8

| 类型 | 9个子维度的得分情况 | 数量特征 | 类型化结果 |
|---|---|---|---|
| 均衡 | "得分比例与总分得分比例等级一致"分项数量（E） | E=9 | 均衡型 |
| 并存 | | D≠0且P≠0 | 驱动与阻力并存型 |
| 驱动 | "得分比例高于80%"分项数量（D）；<br>"得分比例低于40%"分项数量（P）； | P=0且D=1 | 单一驱动型 |
| | | P=0且D=2 | 复合驱动型 |
| | | P=0且<br>D取值为3~9 | 综合驱动型 |
| 阻力 | | D=0且P=1 | 单一阻力型 |
| | | D=0且P=2 | 复合阻力型 |
| | | D=0且P=3 | 综合阻力型 |

深化评级：绿色校园评级结果示例　　　　　　　表6-9

| 评价层级 | 图解 | 结果分析 | |
|---|---|---|---|
| 3个<br>主维度 | 师生参与<br>62.7%　建成环境<br>62.7%<br>运营管理 56.0% | 总分得分比例 | 所属等级 |
| | | $M_S$=60.1% | 中绿级<br>（低于40%分项1个） |
| | | 主要维度得分 | |
| | | $M_A$=62.7%<br>$M_B$=56.0%<br>$M_C$=62.7% | |

| 评价层级 | 图解 | 结果分析 | |
|---|---|---|---|
| 9个子维度 | | 子维度归类 | 子维度类型 |
| | | D≠0且P≠0 | 驱动与阻力并存型 |
| | | 子维度得分 | 子维度名称 |
| | | 40%以下 | 参与EN3 |
| | | 40%~60% | 建筑BE3 运营OM2 场地BE1 管理OM3 |
| | | 60%~80% | 设施BE2 组织OM1 科研EN2 |
| | | 80%以上 | 教育EN1 |
| 评价结果 | 中绿级（$M_S$=60.1%），驱动与阻力并存型（D=1，P=1） | | |

# 6.3 绿色校园两级评价结果与特征分析

本节基于绿色校园两级评价流程，从数据收集处理、案例评价结果分析两方面详细论述评价的具体步骤，并比较案例校园的评价结果，充分说明两级流程的应用方式与主要特点。

## 6.3.1 问题诊断——绿色校园初级诊断

绿色校园诊断评价的应用，本研究主要基于各高校官网公开信息，以及公开数据库、实地问卷调研对15个案例进行测评。在数据统计完成的基础上，对数据进行标准化处理，得到各案例三个主要维度的分值及平均分，见表6-10，图6-4。

绿色校园初级诊断——15个案例标准化后的评分数据　　表6-10

| 评价维度 | 案例评分 | | | | | | | | | | | | | | |
|---|---|---|---|---|---|---|---|---|---|---|---|---|---|---|---|
| | 1QH | 2NK | 3TJ | 4KY | 5MZ | 6HB | 7NX | 8WY | 9YY | 10JM | 11TY | 12BD | 13LF | 14TJ2 | 15NK2 |
| 建成环境BE（$Q_A$） | 0.79 | 0.41 | 0.65 | 0.44 | 0.55 | 0.33 | 0.64 | 0.61 | 0.34 | 0.38 | 0.21 | 0.21 | 0.16 | 0.76 | 0.79 |

| 评价维度 | 案例评分 | | | | | | | | | | | | | | |
|---|---|---|---|---|---|---|---|---|---|---|---|---|---|---|---|
| | 1QH | 2NK | 3TJ | 4KY | 5MZ | 6HB | 7NX | 8WY | 9YY | 10JM | 11TY | 12BD | 13LF | 14TJ2 | 15NK2 |
| 运营管理 OM（$Q_B$） | 0.85 | 0.62 | 0.81 | 0.49 | 0.46 | 0.54 | 0.66 | 0.36 | 0.24 | 0.53 | 0.08 | 0.00 | 0.14 | 0.65 | 0.72 |
| 师生参与 EN（$Q_C$） | 0.96 | 0.77 | 0.65 | 0.81 | 0.48 | 0.71 | 0.88 | 0.38 | 0.37 | 0.64 | 0.32 | 0.21 | 0.38 | 0.75 | 0.77 |
| 平均值（$Q_Z$） | 0.87 | 0.60 | 0.70 | 0.58 | 0.50 | 0.53 | 0.72 | 0.45 | 0.31 | 0.52 | 0.20 | 0.14 | 0.22 | 0.72 | 0.76 |

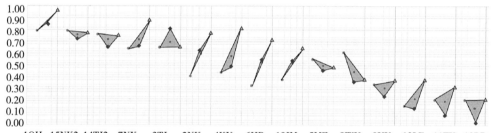

图6-4　绿色校园初级诊断结果——15个案例（按照平均分从大到小排列）

　　首先，通过案例评价结果分析，初步解读15个案例绿色校园发展的整体概况。按照各个案例平均值$Q_Z$的得分确定等级，以上案例评价结果见表6-11。本研究所选取的15个案例中，4个处于预备级；5个处于初级水平；5个处于中级水平；1个处于高级水平。

绿色校园初级诊断——15个案例标准化后的评分等级　　　　　表6-11

| $Q_Z$数值取值范围 | 等级 | 案例 |
|---|---|---|
| 0≤$Q_Z$<0.4 | 预备级 | 9YY、13LF、11TY、12BD |
| 0.4≤$Q_Z$<0.6 | 初级 | 4KY、6HB、10JM、5MZ、8WY |
| 0.6≤$Q_Z$<0.8 | 中级 | 15NK2、14TJ2、7NX、3TJ、2NK |
| 0.8≤$Q_Z$<1.0 | 高级 | 1QH |

　　然后，根据各个主要维度$Q_R$与平均值$Q_Z$的所属等级的关系，分析案例校园在绿色校园三个主要维度建设的均衡性（表6-12）。

**绿色校园初级诊断——15个案例标准化后的评分类型** 表6-12

| 等级<br>（$Q_Z$数值） | 类型<br>（$Q_R$与$Q_Z$所属等级关系） | 案例 |
|---|---|---|
| 预备级 | 均衡型 | 9YY、13LF、11TY、12BD |
| 初级 | 阻力型 | 8WY（运营管理、师生参与阻力型） |
| | 均衡型 | 5MZ |
| | 驱动与阻力并存型 | 6HB（师生参与驱动建成环境阻力型） |
| | 驱动型 | 4KY、10JM（师生参与驱动型） |
| 中级 | 阻力型 | 2NK（建成环境阻力型） |
| | 驱动型 | 7NX（师生参与驱动型）、3TJ（运营管理驱动型） |
| | 均衡型 | 15NK2、14TJ2 |
| 高级 | 均衡型 | 1QH |

在高级等级中，案例1QH的三个维度均为高级，属于均衡型；在中级等级中，案例15NK2、14TJ2属于均衡型，7NX、3TJ分别有一个维度高于其等级，属于驱动型，2NK为阻力型；在初级等级中，4KY、10JM为驱动型，6HB为驱动与阻力并存型；5MZ为均衡型，8WY为阻力型。

根据诊断结果，案例9YY、13LF、11TY、12BD为预备级，绿色校园的实施措施及信息公开性仍有待提高；预备级以上的11个案例可继续进行深化评级。诊断评价对于参评案例绿色校园建设整体性特点有较好的概括性，但对具体的建设程度辨析度不足，仍需要进一步使用评级流程详细解析其各个方面的优势与劣势。

## 6.3.2 问题分析——绿色校园深化评级

在诊断的基础上，本小节进一步对预备级以上的11个案例进行评级（表6-13），深入分析校园案例多源数据资料，并进行模拟与测算，详细描述评级过程及结果（表6-14、表6-15），阐述两级流程之间的递进关系。

**绿色校园深化评级——11个案例标准化后的评分等级** 表6-13

| 等级<br>（$M_S$数值） | 类型<br>（9个子维度驱动力数量（D）<br>和阻力数量（P）） | 案例 |
|---|---|---|
| 浅绿 | 单一阻力 | 8WY（P=1） |

| 等级<br>（$M_s$数值） | 类型<br>（9个子维度驱动力数量（D）<br>和阻力数量（P）） | 案例 |
|---|---|---|
| 浅绿 | 驱动与阻力并存 | 5MZ（D=1，P=1） |
| | 单一驱动 | 10JM |
| | 综合驱动 | 6HB（D=3） |
| 中绿 | 单一驱动 | 7NX |
| | 复合驱动 | 4KY（D=2）<br>15NK2（D=2） |
| | 综合驱动 | 2NK（D=3）<br>3TJ（D=3） |
| 深绿 | 综合驱动 | 14TJ2（D=5）<br>1QH（D=8） |

**绿色校园深化评级结果**  表6-14

| 等级 | 驱动力<br>分项数量 | 对应评级结果 | 主要特征 | 主要原因 |
|---|---|---|---|---|
| 起步级 | 0项 | 40%≤$M_s$<50% | 整体上各主要维度建设取得的进展尚不充分，或者效果待提升 | 绿色校园建设的环境基底较为薄弱，或绿色校园改造尚未开展 |
| 浅绿级 | 1~3项 | 50%≤$M_s$<60%低于40%分项不超过3个 | 整体上各主要维度建设已取得了一定进展，少数分维度进展较为深入；但尚未在各维度取得明显效果 | 绿色校园建设的基底较为薄弱，或存在建设周期与资金限制，组织经验缺乏等情况，整体建设范围与深度仍待加强 |
| 中绿级 | 1~3项 | 60%≤$M_s$<80%低于40%分项不超过2个 | 整体上各主要维度取得较好的进展，在某些分维度取得较明显的效果；绿色校园建设综合性仍可以提升 | 绿色校园的建设在各个维度已经形成一定基础，具有较好的状态与持续提升的条件 |
| 深绿级 | 5~8项 | 80%≤$M_s$<100%低于40%分项不超过1个 | 整体上各主要维度取得很好的进展，大部分子维度进展深度达到较高水平，且整体发展相对均衡 | 较好地发挥了校园自身的优势，各个维度也呈现出相互配合、共同促进的状态 |

驱动力数量指根据11个案例的统计，实际可以出现更多种组合。

**绿色校园深化评级——11个案例标准化后的评分**  表6-15

| 子维度 | 案例 | | | | | | | | | | |
|---|---|---|---|---|---|---|---|---|---|---|---|
| | 1QH | 14TJ2 | 2NK | 15NK2 | 4KY | 3TJ | 7NX | 10JM | 6HB | 5MZ | 8WY |
| 场地<br>BE1 | 84% | 85% | 60% | 81% | 49% | 61% | 68% | 63% | 41% | 52% | 46% |

| 子维度 | 案例 | | | | | | | | | | |
|---|---|---|---|---|---|---|---|---|---|---|---|
| | 1QH | 14TJ2 | 2NK | 15NK2 | 4KY | 3TJ | 7NX | 10JM | 6HB | 5MZ | 8WY |
| 设施 BE2 | 93% | 100% | 95% | 92% | 92% | 93% | 83% | 92% | 80% | 81% | 78% |
| 建筑 BE3 | 67% | 71% | 45% | 66% | 61% | 54% | 42% | 42% | 46% | 44% | 48% |
| 组织 OM1 | 81% | 81% | 77% | 73% | 72% | 73% | 72% | 72% | 61% | 63% | 75% |
| 运营 OM2 | 87% | 70% | 64% | 52% | 54% | 62% | 40% | 45% | 42% | 41% | 34% |
| 管理 OM3 | 87% | 79% | 63% | 64% | 64% | 62% | 59% | 47% | 89% | 54% | 58% |
| 教育 EN1 | 92% | 90% | 84% | 64% | 76% | 81% | 72% | 60% | 65% | 60% | 57% |
| 科研 EN2 | 91% | 82% | 91% | 69% | 88% | 81% | 65% | 49% | 82% | 33% | 60% |
| 参与 EN3 | 83% | 70% | 77% | 65% | 67% | 60% | 60% | 45% | 63% | 58% | 57% |
| 综合得分 | 84% | 80% | 70% | 69% | 67% | 66% | 60% | 57% | 55% | 54% | 54% |
| 评分类型 | 综合驱动（D=8） | 综合驱动（D=5） | 综合驱动（D=3） | 复合驱动（D=2） | 复合驱动（D=2） | 综合驱动（D=3） | 单一驱动 | 单一驱动 | 综合驱动（D=3） | 并存（D=1，P=1） | 单一阻力（P=1） |

▨ 表示驱动力子维度（$M_R$ 得分比例≥80%）；　▨ 表示阻力子维度（$M_R$ 得分比例＜40%）。

## 6.3.3　两级评价结果的分维度特征分析

基于绿色校园两级评价结果，本小节通过比较不同评级等级案例校园的子维度的得分情况，分析校园案例在各个子维度特征，作为制定实施计划的基础。

### 6.3.3.1　两级评价结果的整体趋势分析

#### 1．案例初级诊断结果整体特征

通过高校绿色校园评价的初级诊断，15个案例初步被分为4个等级，其中仅有1个案例为高级，5个为中级，5个为初级，4个为预备级。预备级（$Q_z$<0.4）案例由于参评信息不足而不建议进入深化评级流程。从分级可以看出预备级在三个主要维度（建成环境、运营管理、师生参与）的得分均较低，且与其他等级的案例

具有较为明显的差距。这类"预备级"校园的绿色化基底较为薄弱，且尚未形成发展绿色校园的必要条件，整体处于预备阶段，更应该着重关注。

**2．案例评级结果整体特征**

在深化评级环节，11个案例分为3个等级，2个案例达到深绿级，5个达到中绿级，4个达到浅绿级，暂无案例为起步级。深绿级的2个案例在9个子维度均表现出较为均衡的状态，且其得分具有随着评级升高而上升的趋势，但在建筑子维度得分相对一般（得分比例尚未达到80%）；根据案例分级表现，从浅绿级到深绿级，案例整体表现出的均衡度依次增强，在深绿级基本达到各个维度均衡的结果。

### 6.3.3.2　建成环境维度评价结果分析

校园建成环境是绿色校园发展的物质基础，校园整体处于持续的动态性建设与更新中，在建成环境的评价中，绿色校园发展现状是校园环境基底与绿色校园建设程度叠加作用产生的结果。

根据浅绿、中绿、深绿级案例在建成环境三个子维度得分可得，随着评级等级的升高，场地子维度整体得分波动性较大（约40%~85%），但随着评级的提升，呈现出一定波动上升的趋势；设施子维度在测评的11个案例中得分相对较高，整体波动相对较小（约80%~100%），且具有随着评级升高而上升的趋势；建筑子维度同样呈现出波动上升的趋势，但波动幅度相对较小（约40%~70%）（图6-5）。

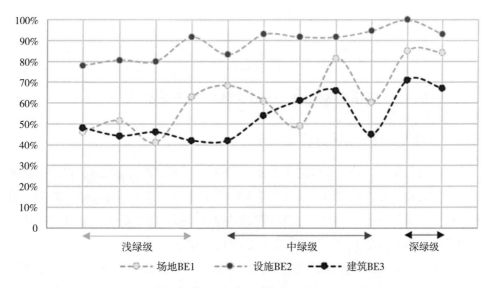

图6-5　各等级校园案例评级——建成环境维度得分变化情况

### 6.3.3.3 运营管理维度评价结果分析

运营是对一定时间内校园综合性能与状态的衡量；管理是校园动态变化的维系者，运营管理维度对校园建成环境与师生参与起着重要的引导与协调作用，并随着时间累积对建设程度产生更加综合的影响。

根据浅绿、中绿、深绿评级案例在运营管理三个子维度得分可以看出，随着评级等级的升高，组织子维度虽然呈现波动变化，但整体的波动幅度较小（约60%~90%），不同评级的案例在组织子维度评分差距不大；运营子维度整体波动幅度相对较大（约30%~90%），其得分基本随着评级等级的升高而升高；管理子维度整体波动幅度较小（约50%~90%），除个别案例以外，也呈现出与评价等级正相关的得分趋势（图6-6）。

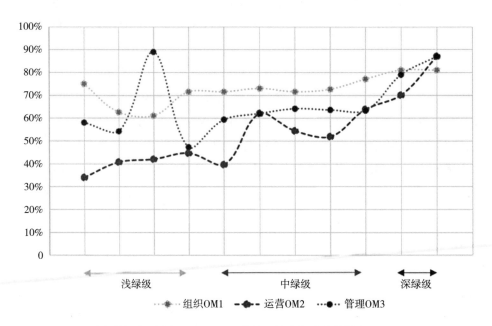

图6-6 各等级校园案例评级——运营管理维度得分变化情况

### 6.3.3.4 师生参与维度评价结果分析

师生参与维度，是对校园的主要使用者——教师与学生绿色参与程度的量化评价，其对校园整体运营使用状态有重要的影响作用。师生不仅仅是校园的使用者，也是校园信息的提供者、绿色校园的共建者，随着师生参与互动性的提升，校园通过共建共治的方式，增强其绿色发展的内生动力。

根据浅绿、中绿、深绿评级案例在师生参与三个子维度得分，教育子维度得分波动幅度较小（约60%~90%），得分基本与评级正相关；科研子维度整体波

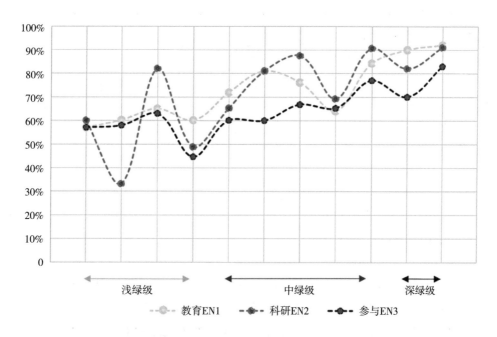

图6-7 各等级校园案例评级——师生参与维度得分变化情况

动幅度最大（约30%~90%），在浅绿级波动尤为明显，也大致体现出与评级正相关的趋势；参与子维度整体得分比例略低，波动幅度中等（约40%~80%），在浅绿、中绿级得分上升不大，在深绿级别达较高得分（图6-7）。

通过对9个子维度得分特征分析，结合京津冀地区高校案例建设实践情况，从整体得分水平、波动幅度出发，分析各维度建设特点与优先级（表6-16）。

高校绿色校园评价结果分维度特点归纳　　　　　　表6-16

| 子维度 | 波动范围 | 整体得分 | 建设特点 | 优先级 |
|---|---|---|---|---|
| 场地BE1 | 较大<br>（40%~85%） | — | ·子维度多，相关性强<br>·整体达到较高水平难度较高 | — |
| 设施BE2 | 较小<br>（80%~100%） | 较高 | ·节约型校园建设的基础与重点<br>·相关措施实施后效果较为显著 | 较高 |
| 建筑BE3 | 较小<br>（40%~70%） | — | ·绿色化水平提升难度高，周期长<br>·整体上达到绿色建筑比例仍相对较低 | — |
| 组织OM1 | 较小<br>（60%~90%） | 较高 | ·起步环节<br>·需要内外部资源支持，高分难度大 | 较高 |
| 运营OM2 | 较大<br>（30%~90%） | — | ·高度重视节能节水，均衡性待提升<br>·均达到较高水平所需时间长、难度大 | — |
| 管理OM3 | 较小<br>（50%~90%） | — | ·综合要求较高<br>·需要整体水平的提升 | — |

| 子维度 | 波动范围 | 整体得分 | 建设特点 | 优先级 |
|---|---|---|---|---|
| 教育EN1 | 较小<br>（60%~90%） | — | ·先行环节，受到高校重视<br>·包含师生主观评价，达到高水平较难 | 较高 |
| 科研EN2 | 较大<br>（30%~90%） | — | ·高层次环节<br>·注重科研的积极作用，得分难度较高 | — |
| 参与EN3 | 中等<br>（40%~80%） | — | ·维度较为多样，整体得分难度较高<br>·需要基于一定的绿色环境与文化基础 | — |

# 6.4 本章小结

本章基于第5章提出的评价体系优化建议，设置高校绿色校园"初级诊断—深化评级"两级评价流程，在评价对象、使用流程、结果展示等方面完善评价体系的配套设置，通过对初级诊断、深化评级两级流程的详细说明、案例解析，充分阐述与总结评价方法流程的突出特点，形成完整的评价配套以对接实际应用，并通过案例阐述评价对于设计的指导作用。

1）高校绿色校园两级评价流程的优化在案例验证的基础上，形成兼顾不同绿色化水平的分级评价方法，以递进式的流程、类型化的结果，通过初级诊断为所有高校提供概括性整体画像；并进一步深化评级，为达到诊断要求的高校提供深入的分析结果；两级评价流程在支持不同绿色化水平高校参评的同时，提高评价效率。

2）根据评价体系的两个主要评价目的，设置高校绿色校园两级评价流程，并以15个样本校园为例，具体阐述其使用方式。在诊断阶段，初步判断绿色校园整体建设情况，分析3个主要维度建设的均衡性；根据评价结果，11个案例进入到评级阶段。在深化评级阶段，深度测评校园绿色化等级，及9个子维度的驱动力、阻力组合情况，形成详细分析结果。基于类型化的评价结果横向比较各子维度得分情况，分析各类校园在同一方面的建设特点，为制定绿色校园策略提供参考。

第 **7** 章

# 高校绿色校园评价
# 目标的实施保障机制

本章结合案例校园评价结果各维度的特点，参照国内外优秀实践案例的发展历程，梳理绿色校园的建设脉络，提出绿色校园的"匹配性"发展路径。从治理、运营、参与三方面综合提出实施保障机制，为绿色校园持续发展提供参考。

## 7.1 绿色校园优秀实践案例实施机制的启示

### 7.1.1 优秀实践案例实施机制的比较分析

#### 1.国内外高校绿色校园优秀实践案例的基本信息

在国外案例的选取上，本研究以美国STARS、印尼GM以及日本ASSC 3个具有国际权威性、影响力的评价体系的实践案例为主要分析对象，结合案例资料的可获取性，遴选了涵盖美国、日本和欧洲地区的4个校园，进行实施方案分析；在国内案例选取上，本研究选取京津冀地区具有先进性的、建设效果较为突出的节约型绿色校园进行分析（表7-1）。

国内外高校绿色校园优秀实践案例基础信息　　　　　表7-1

| 编号 | 学校名称 | QS排名（2021年） | 绿色校园相关排名 | 学科类型 | 创办时间 | 用地规模 |
|---|---|---|---|---|---|---|
| A | 代尔夫特理工大学 | 57 | GM 46（2020年） | 理工 | 1842年 | XL |
| B | 北海道大学札幌校区 | 139 | ASSC 金奖（2020年） STARS申报者 | 综合（始于农业学院） | 1876年 | XL |
| C | 康奈尔大学伊萨卡校区 | 18 | STARS 铂金（2020年） | 综合 | 1865年 | XXL |
| D | 瓦格宁根大学 | 115 | GM 1（2020年） | 理工（始于农业大学） | 1876年 | L |
| W | 天津大学卫津路校区 | 387 | 节约型校园 | 理工 | 1895年 | XXL |
| X | 天津大学北洋园校区 | 387 | 节约型校园 | 理工 | 1895年 | XL |
| Y | 清华大学 | 15 | 节约型校园 | 综合 | 1911年 | XXL |
| Z | 南开大学八里台校区 | 377 | 节约型校园 | 综合 | 1919年 | XXL |

## 2．国内外高校绿色校园优秀实践案例实施机制比较

本部分从各高校绿色校园建设模式与具体实施流程两方面进行梳理，对国内外8个案例绿色校园主要实施方案进行提炼（表7-2、表7-3）。

国外优秀实践案例绿色校园建设方案比较分析 表7-2

| 主要维度 | | 具体措施 | 建设周期 | | | | | | | |
|---|---|---|---|---|---|---|---|---|---|---|
| | | | 0～5年 | 5～10年 | 10～15年 | 15～20年 | 20～25年 | 25～30年 | 35～40年 | 40年+ |
| 建成环境 | 场地 | 树木绿化、环境修复 | | | | B | B | | C | |
| | | 微生态花园、植物园 | | | | | A | A | A | |
| | | 系统性规划场生态功能、动植物种群 | | | | | D | D | D | D |
| | | 河水治理 | | | | | B | | A | |
| | | 远程监控的雨洪系统 | | | | | | | A | A |
| | 设施 | 地下井含水层储能系统建设、升级 | | | A | A | A | A | A D | D |
| | | 利用地热能的融雪系统 | | | | B | | | | |
| | | LED测试、自动控制、应用 | | | C | | | A | A | A |
| | | 屋顶太阳能电池板应用 | | | | | | C | A C D | A C D |
| | | 湖水冷却项目 | | | C | | | | | |
| | | 风能（风车公园发电） | | | | | | | | D |
| | | 生物能 | | | | | | | | D |
| | 建筑 | 平屋顶绿化工程 | | | | A | A | A | A | A |
| | | 历史建筑、既有建筑保护、改造 | | | | B C | B C | B C | B C D | |
| | | 新建节能建筑（能源中立、产能建筑） | | | | C | C | C | A C D | A |
| | | 智慧建筑（管理系统级模式的应用） | | | | | | | A | A |
| 运营管理 | 组织 | 提出倡议、承诺 | C | C | C | C D | C | C D | C | C D |
| | | 校园整体规划、行动计划 | | | B | | B C D | D | B | |
| | | 设立绿色校园组织、机构 | | | | C | B C | D | A | A |
| | | 参加/发起绿色校园国内外组织 | | | | | | B | A B C | A B |

| 主要维度 | | 具体措施 | 建设周期 | | | | | | | |
|---|---|---|---|---|---|---|---|---|---|---|
| | | | 0~5年 | 5~10年 | 10~15年 | 15~20年 | 20~25年 | 25~30年 | 35~40年 | 40年+ |
| 运营管理 | 运营 | 可持续校园评价（GM、STARS等） | | | | | | BC | ABC | ABC |
| | | 能耗监测、监控系统运营 | | | | | C | B | AB | AB |
| | | 能源战略可行性研究、措施选择 | | | C | C | C | BCD | ABC | ABC |
| | | 购买清洁能源 | | | | | | | A | A |
| | | 减碳措施、计划 | | | C | C | C | CD | AC | C |
| | | 垃圾处理试验、处理流线设计、回收利用 | | | | | | | AC | ACD |
| | 管理 | 动植物多样性调查、支持 | | | | | ABD | ABD | ABD | ABD |
| | | 绿色出行路径引导、设计导则 | | | | | B | B | A | AD |
| | | 分学院计量能源费用，促进节能降耗 | | | | | | C | | D |
| | | 绿色办公室及实验室导则、认证 | | | | | | | C | C |
| | | 绿色采购食物、农产品 | | | | | | | C | CD |
| 师生参与 | 教育 | 可持续教育提供：课程、在线教育 | | | | | B | B | ABC | ABCD |
| | | 对可持续发展领导人培训 | | | C | | B | B | BC | BC |
| | 科研 | 可持续科研的三大倡议及具体计划 | | | | | | | | A |
| | | 可持续科研能力培训中心、联合项目 | | | C | | B | B | B | B |
| | | 可持续评价体系的研究 | | | | | | B | B | B |
| | 参与 | 能耗公开与实时查询 | | | | | B | B | AB | AB |
| | | 可持续发展竞赛 | | | | | | | C | |
| | | 可持续团体 | | | | | B | BC | BC | ABC |
| | | 可持续企业 | | | | | | | | ACD |
| | | 校园可持续网站 | | | | | | | ABC | ABCD |

A代尔夫特理工大学　B北海道大学札幌校区　C康奈尔大学伊萨卡校区　D瓦格宁根大学。

## 国内优秀实践案例绿色校园建设方案比较分析　　　　表7-3

| 主要维度 | | 具体措施 | 建设周期 | | | | | |
|---|---|---|---|---|---|---|---|---|
| | | | 0~5年 | 5~10年 | 10~15年 | 15~20年 | 20~25年 | 25年+ |
| 建成环境 | 场地 | 景观园林规划、绿化工程 | Y | Y | Y | Y | Y | Y |
| | | 推广节水型植物 | | | Y | | | |
| | | 水治理工程 | Y | Y | Z | | | |
| | | 雨洪管理系统 | | Z | YZ | Y | Y | Y |
| | | 绿色交通工具（电动校车、自行车、充电桩） | Y | YZ | YZ | Y | YX | Y |
| | 设施 | 节能节水设备（节能灯具、电热水器、厕所节水器等） | Y | Y | WY | | | |
| | | 系统改造（电力系统、照明系统、给排水系统、浴室） | | | WYZ | Y | YX | YX |
| | | 地源热泵系统 | | | | W | X | |
| | | 自动控制开关设置（公共区域照明系统） | | | | W | | |
| | | 智能化改造（变电站、路灯系统） | | | | | X | X |
| | 建筑 | 既有建筑节能改造 | | | WYZ | WYZ | WYX | WY |
| | | 新建节能建筑（超低能耗示范） | Y | | | | | |
| | | 智慧建筑（管理系统级模式的应用） | | | | | | |
| 运营管理 | 组织 | 提出倡议、承诺 | Y | W | | | Z | |
| | | 校园整体规划、行动计划 | Y | | Z | Z | | |
| | | 设立绿色校园组织、机构（三级节约型校园管理机构） | Y | | W | X | Z | |
| | | 参加绿色校园国内外组织 | | | | | WYZ | WYZ |
| | | 进行合作，达成合作协议 | | | | | | Z |
| | 运营 | 能源监管中心（实现建筑能耗信息和能耗数据统计） | | | WYZ | WYZ | WYZ | |
| | | 校园地下管网综合地理信息系统（TSPIS） | | Y | Y | | | |
| | | 节能改造合同 | | | | Y | WY | WY |
| | | 太阳能改造工程 | | | | Y | | |
| | | 垃圾分类、督导志愿 | | | | | YWXZ | YWXZ |
| | | 采用分时分区供暖，降低热水流量 | | | | W | | WXYZ |

| 主要维度 | | 具体措施 | 建设周期 | | | | | |
|---|---|---|---|---|---|---|---|---|
| | | | 0～5年 | 5～10年 | 10～15年 | 15～20年 | 20～25年 | 25年+ |
| 运营管理 | 管理 | 动植物多样性调查 | | | | | Y W | Y W |
| | | 分学院计量能源费用，促进节能降耗 | Y | | | | | |
| | | 发布多项管理文件 | | W | W | W | W Z | |
| | | 制度改革（电费支付、考核方法） | | Y | Y | Y | Y X | |
| | | 绿色采购食物、农产品 | | | | | W | W |
| 师生参与 | 教育 | 可持续教育提供：课程、在线教育 | Y | Y | Y | Y | Y X Z | Y X Z |
| | | 校园作为绿色实验室（教学、实践） | | | | | X Y Z | X Y Z |
| | 科研 | 组织举办专家论坛 | | | | | W Y | W Y |
| | | 可持续科研中心、科研组织、联合项目 | | | Y | Y | Y Z | Y Z |
| | 参与 | 能耗公开与实时查询 | | | | | X | X |
| | | 可持续发展竞赛 | | | Y | Y | Y | Y |
| | | 环保协会、绿色协会 | Y | W | | | | |
| | | 暑期实践活动 | Y | Y | Y | Y | Y | Y Z |
| | | 校园网站、公众号 | Y | | | Y | W Y X | W Y X Z |

W 天津大学卫津路校区　X 天津大学北洋园校区　Y 清华大学　Z 南开大学八里台校区。

## 7.1.2 优秀实践案例实施机制的特点归纳

通过分析可以看出，虽然国内外优秀实施案例在用地面积、整体布局、学科类型等方面有很大的差异，但在绿色化实践过程中存在一定的共性特点，本研究将这些共性特点以及校园建设的突出性特征归纳为目标、路径与方式三个方面，从而对国内外绿色校园优秀实践案例进行总结（图7-1）。

图7-1　高校绿色校园优秀实施方案主要特点

### 7.1.2.1 绿色校园发展目标

国内外优秀实施案例均进行一定时长的发展，在动态更新的过程中逐步接近设定的理想目标；通过国内外优秀实践案例的横纵向对比，梳理其时间维度的发展脉络，在措施维度实施范畴分析的基础上，发现其目标设定有以下特点。

**1．一致性的远期目标**

在绿色校园建设目标上，每个校园根据自身特点提出不同的发展目标，但在能源部分体现出较强的一致性；部分国外优秀实践校园承诺在2030或2035年之前达到能源中和的目标；国内各个校园案例较少提出量化目标，参照我国提出的"二氧化碳排放力争于2030年前达到峰值，努力争取2060年前实现碳中和"的目标，校园能源将在2060年之前达到碳中和。因此，在环境目标上，国内外校园具有较为一致性的远期目标。

**2．阶段化的分解目标**

在实践过程中，一致性远期目标具有指导意义，但需要具体细化为阶段性目标，从而进一步落实在短期的规划与建设中。在阶段化目标的制定中，各高校根据全球绿色、可持续发展的倡议与目标，结合自身的实际情况，提出具有差异化的阶段性目标；如荷兰代尔夫特理工大学阶段性地建设可再生能源系统，并逐步将可再生能源比例从50%向100%提升；而瓦格宁根大学已经达到了80%的碳中和程度，因此100%碳中和的目标实现周期相对缩短。

### 7.1.2.2 绿色校园实施路径

许多绿色校园建设起始于倡议、承诺。基于此，校园提出整体规划、专项规划、行动方案，并落实到具体的实施项目，从而通过长期、中期、短期计划分步有序地推动绿色校园的持续建设。

**1．长周期的持续规划**

在时间维度上，国内外优秀实践案例都经过了长期的发展，根据提取的标志性起始事件，国外案例的绿色化时长达到15～25年，并且至少持续到2030年。许多高校提出长期的发展战略与规划，如康奈尔大学、瓦格宁根大学、北海道大学，对发展方向进行预判；另一些校园则通过中短期规划较为具体地制定实施方案，例如在我国高校中较为普遍的5年规划。

**2．分步式动态实施**

在绿色校园各维度方案的制定与实施过程中，也体现出一些相似特点，高校通过长期、中期、短期层层推进的方式细化绿色校园的发展路径（表7-4）。一方面，一些高校通过弹性的、框架式的中长期规划提出整体方针与原则，作为校园各类项目实施与决策的依据，从而更加灵活地、动态性地制定与更新中短期实施方案，如康奈尔大学、代尔夫特理工大学；另一方面，一些高校在中长期目标的基础上，通过周期性的回顾与更新，分解为阶段性中短期规划与实施方案，从而促进绿色校园各类项目的落地，如北海道大学、瓦格宁根大学，以及我国的节约型示范校园。

高校绿色校园发展规划方式列举　　　　　　表7-4

| 案例名称 | 主要规划文件 | 具体内容 | 实施周期 | 监管方式 |
|---|---|---|---|---|
| 北海道大学 | 校园整体规划（1996、2006、2017版） | 总结已有项目进度制定发展计划 | 每10年 | 年度校园报告每个实施周期结束效果评估参与ASSC评价 |
| | 可持续校园建设行动计划（2012年、2016年） | 基于整体规划细化年度计划与具体方案 | 每1～5年 | |
| 康奈尔大学 | "节能倡议"计划（1895年） | 制定节能降耗目标 | 长期 | 年度校园报告每个实施周期结束效果评估参与STARS评价可持续性大会监督 |
| | 气候行动计划（2009年、2011年、2013年） | 制定碳中和发展战略基础实施路线图提出优先发展方面 | 长期（2035年） | |
| | 可持续发展计划（2009年、2011—2012年、2013年） | 制定中长期与短期发展目标具体治理和实施方式 | 每5年 | |
| | 可持续发展计划（动态计划living plan） | 梳理师生的倡议与未来发展机会 | 动态更新 | |
| 瓦格宁根大学 | 总平面生态规划（2010年、2013年） | 校园总平面景观、生物多样性分区规划 | 每3～5年 | 年度能源报告参与GM评价 |
| | 2030能源愿景（2014年） | 校园能耗及实施措施回顾，节能计划；制定能源远景目标 | 长期（2030年） | |
| | 能源策略（2013—2016年） | 已完成项目情况后续项目进度 | 每3年 | |
| 天津大学 | 响应"节约型校园建设意见" | 中长期发展方向行动方案 | 长期 | 每个实施周期结束效果评估师生监督 |
| | 节约型校园实施方案（2013年） | 节约型校园进度、实施计划 | 每3～5年 | |
| | 绿色校园示范工程可行性研究（2019年） | 绿色校园现状进展，分区规划与提升 | 每3～5年 | |

### 7.1.2.3　绿色校园推动方式

绿色校园的建设过程离不开不同主体的支持与共建，一些案例校园在外部可持续发展倡议的作用下，积极制定各项措施原则，通过能源管理、设备更新、管理方式优化等方式不断提升自身的绿色化水平；一些案例校园则更注重师生所起的积极作用，让校园作为"生活实验室"，测试与实践师生的绿色项目。

### 1．政府高校"自上而下"的推动方式

良好的外部环境有助于高校采取绿色校园行动，许多全球性可持续校园倡议由高校发起，并在世界范围内得到响应。例如康奈尔大学的《气候行动计划》在创立之初便得到了纽约州能源研究与开发局的资金支持，并在行动计划的指导下，在更广泛的领域实践可持续发展；代尔夫特理工大学通过一系列合同模式创新，推动既有建筑与能源系统的改造与更新。

### 2．师生共建"自下而上"的推动方式

以师生为主体的"自下而上"的推动方式也逐步受到重视，通过建立绿色校园组织为师生参与提供路径与机会，创新设置组织构架形成多维度与多主体共建模式，调动师生的参与热情，鼓励师生为校园的绿色发展提供更加多样的解决方案（表7-5）。

高校绿色校园师生共建方式列举　　　　　　　表7-5

| 编号 | 学校名称 | 师生共建方式 | 主要内容 |
|---|---|---|---|
| A | 代尔夫特理工大学 | 学生绿色团队 | 以学院为单位，发展为包含7个学院的绿色校园团队，通过发布校园自评价报告，反馈师生意见，提出改造建议 |
| | | 科研与校园实践相结合 | 提出"设计—建造—维护"的集成式合同（integrated contract），更有效地解决建筑的可持续性问题[266]；提出"立面租赁（Facade-leasing）"的循环商业模式，以"新立面系统为建筑提供的能源性能和舒适性服务"作为商品，促进新技术的应用，并有助于建立长期服务与合作关系[267] |
| B | 北海道大学札幌校区 | 绿色专业人才培养 | 通过工作坊等形式培养建筑与规划相关专业人才，共同制定绿色校园规划 |
| C | 康奈尔大学伊萨卡校区 | 可持续性大会 | 构建校园共同治理组织，吸收学生、教职工和行政人员代表，以共享、参与式方式进行组织，并讨论决议相关提案 |
| | | 绿色咨询与生产项目 | 通过申请与转让绿色知识带来实际经济收益，例如提供能源利用咨询、能源审计、绿色产品等方式[280] |

## 7.2　绿色校园评价目标的实施路径

### 7.2.1　差异化引导目标

通过京津冀校园现状综合评价，结合国内外优秀实践案例的启示，本章归纳

出高校绿色校园在远期理想目标上具有一致性，但在现阶段目标的设定上应具有差异性，从而高效地利用有限资源提升整体的绿色化程度。

我国高校绿色校园仍处在初级发展阶段，建设基底差异性较大，整体绿色化力度仍有待提升。因此，设定差异化的目标更具有引导性与现实意义，根据校园综合评级结果，分析校园各维度绿色化驱动力与阻力特点，选择合适的阶段性目标，而不是直接追求最高目标，更加适用于现阶段绿色校园发展。

对于起步级（$40\% \leqslant M_S < 50\%$）以及尚未达到起步级的校园，改善绿色校园发展的基础设施与条件是首要目标，校园应进一步满足师生日常使用的基础条件，并尝试开展一些试点型的优化提升工作。

对于浅绿级（$50\% \leqslant M_S < 60\%$）的校园，应深化绿色校园发展的基础设施与条件，进行系统性的中长期规划与提升，在试点的基础上分批分期优化、深化绿色校园各项措施。

对于中绿级（$60\% \leqslant M_S < 80\%$）的校园，已经具备较好的发展基础，或者在某些方面具有较强驱动力，应更加注重整体性能，达到较好的绿色校园状态。

对于深绿级（$80\% \leqslant M_S < 100\%$）的校园，在很多方面都体现出较强的驱动优势，应让整体达到更好的绿色校园状态，并注重创新与探索，引领绿色校园的发展方向与路径。

## 7.2.2 匹配性发展路径

本小节在绿色校园差异化引导目标的基础上，根据校园战略设计框架、戴明环管理流程，结合本研究评价体系的三个主要维度，提出高校绿色校园的匹配性发展路径，从而为不同发展阶段与水平的校园提供引导性、参考性的步骤。

### 1. 引入校园战略设计框架

校园战略设计框架由汉斯·德扬与亚历山德拉·登海耶[268][71]提出，其基础是将房地产管理界定为一定时期内供需关系之间的匹配过程。战略设计包括四个迭代步骤：现状评估；探索未来需求；构建、设计和选择解决方案；战略实施，改变现状在未来实现择定的解决方案。校园战略设计框架被多样化地应用于校园发展的具体决策过程，如校园住宿策略制定[269]、校园餐厅选址优化[74]，为绿色校园发展路径的选择提供参考流程。

### 2. 包含戴明环的管理流程

PDCA是"Plan（计划）、Do（执行）、Check（检查）和Act（处理）"的缩写，又称戴明环PDCA，是质量管理的通用模型，被广泛应用于绿色校园策略工具，不仅为策略的制定提供了框架性流程，也强调持续进步、循环上升的发展理念。

### 3. "供需匹配、正向循环"的绿色校园发展路径框架

基于上述两个概念模型，本研究提出供需匹配、正向循环的绿色校园实施路径框架（图7-2），强调差异化合理目标下的路径匹配，以及对于绿色校园整体规划的持续性动态建设，并形成正向循环的发展机制。

首先，校园应根据自身特点设置可行的未来目标，在路径选择上，强调供给与未来需求之间的关系，关注"供需平衡"下的策略的匹配与选择；并关注各个维度的关联性、互动性，制定系统性规划与策略，力求通过一项措施的实施带动相关方面的共同提升，避免重复建设造成的资源浪费。

然后，通过"计划、执行、检查和处理"的戴明环模式引导绿色校园建设的正向循环，鼓励各发展阶段、驱动力水平的校园进行差异化目标设定、阶梯性综合提升，逐步迈向更高水平的绿色校园，通过"综合评价—再评价"机制，鼓励高校持续参与评价，并定期审视评价结果，形成循环上升的发展趋势。

根据综合评价得到类型化评价结果（表7-6）。本研究提出供需匹配的发展路径，并引导差异化的阶段性目标。

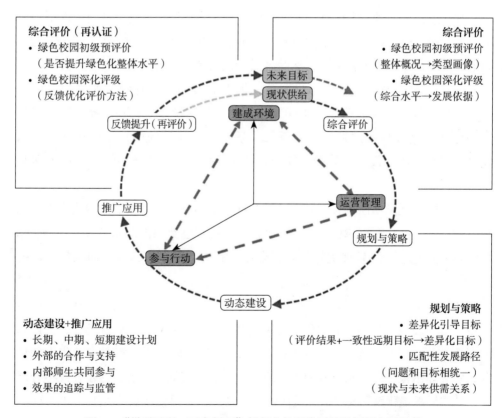

图7-2 "供需匹配、正向循环"的绿色校园发展路径框架主要环节

基于类型化结果的高校绿色校园主要发展路径 表7-6

| 类型 | 现状供给<br>（对应评级结果） | 未来需求<br>（差异化引导目标） | 供需匹配的<br>主要发展路径 |
|---|---|---|---|
| 预备级 | $0 \leq Q_z < 0.4$ | 开始计划绿色校园的发展<br>方案与目标 | 充分摸底，开始起步 |
| 起步级 | $40\% \leq M_s < 50\%$ | 改善绿色校园发展的基础<br>设施与条件 | 分析问题，解决亟需 |
| 浅绿级 | $50\% \leq M_s < 60\%$，<br>低于40%分项不超过3个 | 深化绿色校园发展的基础<br>设施与条件 | 有所侧重，完善基础 |
| 中绿级 | $60\% \leq M_s < 80\%$，<br>低于40%分项不超过2个 | 整体达到较好的绿色校园<br>状态 | 发挥优势，补齐短板 |
| 深绿级 | $80\% \leq M_s < 100\%$，<br>低于40%分项不超过1个 | 整体达到优秀的绿色校园<br>状态 | 综合带动，探索创新 |

## 7.2.3 共建式推动方式

我国逐步进入到"全面推广绿色校园"的新发展阶段，通过"自上而下与自下而上相结合的"绿色校园推动方式，能够促进多主体之间的合作，在政策的导向下，鼓励市场积极配置资源，从而激活绿色校园的发展动力。

在自上而下号召下，我国产生了一批发展较快、具有示范意义的绿色校园，为探索绿色化发展路径，验证节约型校园的建设效果起到积极作用。但却容易造成其他绿色校园建设动力不足、学校自发建设的能动性差等问题。因此，在绿色校园建设中应鼓励发挥校园的主观能动性，引导自下而上的发展与建设。

高校的主观能动性代表着高校通过发挥自身的特色、利用资源主动推进绿色校园建设的能力；在京津冀高校调研中，部分高校已经积极发挥了自主性，利用校园基底特色、学科发展优势、创新合作方式等，积极探索与推动绿色校园的建设。

通过自上而下与自下而上相结合的引导方式，总结示范型校园的建设经验与不足，适用性地学习具有推广意义的实施路径，以校企合作、资源整合、促进内循环等方式代替对示范校园资金的依赖，缓解与平衡资源与资金过于集中的情况，引导非示范校园与示范校园之间缩小差距，实现共同发展，逐步让绿色校园建设从"局部最优解"向"全局最优解"过渡，让校园整体从"浅绿"向"深绿"阶段发展。

# 7.3 绿色校园评价目标的实施保障机制

本节综合考虑推动校园发展的内外部环境，从治理、运营、参与三个方面提炼与优化绿色校园的实施保障机制，为多主体、多维度推动绿色校园的建设提供支持与保障（图7-3）。

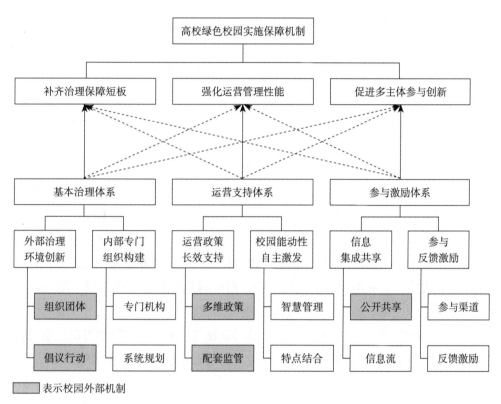

图7-3 高校绿色校园实施保障机制

## 7.3.1 绿色校园治理的实施保障机制

### 7.3.1.1 外部治理环境创新

#### 1. 组织团体协同带动

对于校园外部，在国家与地区政策的倡导下，产生了一些高校绿色校园联盟、设计与研究团体、协会组织等。这些组织团体通过提出倡议、技术分享、课程培训、学术研讨、设置奖励、监督评价等方式分享绿色校园实践经验，探索实施路径，已经在绿色化进程中起到积极的协调与补充作用。该类团体从不同的维度促进高校的绿色化进程，创造更积极的外部环境。

### 2．倡议行动积极引导

在绿色校园组织团体形成的基础上，一系列倡议与行动也随之衍生而出。通过绿色校园倡议目标与行动方案的积极引导，国内外高校逐步明确一致性的理想目标，并设置合理的阶段性目标开始绿色校园建设。

### 7.3.1.2　内部专门组织构建

#### 1．构建专门的治理构架

绿色校园的组织构架是其治理行为的基础，离不开外部与内部治理构架的支持。对于校园，可通过设置绿色校园办公室积极协调社会资源，形成内外部协同的治理构架，从而有助于参与国内外绿色校园联盟，探讨校园实施方案，倡导绿色校园的发展方向，参与政策制定；与周边社区、企业、第三方机构合作，形成资源互补。

一些校园在建设起始阶段构建了专门的绿色校园办公室，协同高校内外各部门之间的关系；另一些在建设过程中，逐步建立起领导小组并形成专门的治理构架。绿色校园的治理构架是多样化的，如康奈尔大学的共同治理型构架，或者如北海道大学的分层治理构架。一般情况下，绿色校园治理构架包括最高管理决策者，基建、后勤、资产等校园建设运营的主要责任部门，以及各学院相关部门，通过构建层级式的，或者相对扁平化的结构，形成绿色校园的治理构架（图7-4）。校园内部专门的治理构架便于促进绿色校园不同建设主体之间的充分协商与信息共享，明确绿色校园规划与实施各个环节的责任与义务，把控发展方向；通过较为清晰的权责界定，各司其职、互相配合，高效地推动绿色校园的治理。

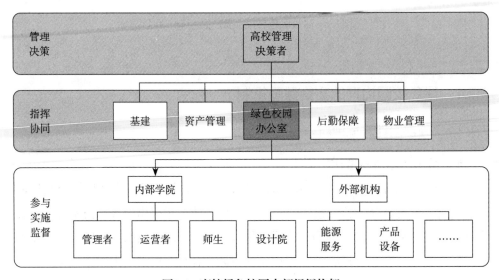

图7-4　高校绿色校园内部组织构架

## 2．坚持系统性动态规划

### 1）目标适宜、具体量化

高校可根据绿色校园综合评价结果，差异化地选择适宜的中长期发展目标；并进一步明确绿色校园着重发展的方向、维度，量化发展目标，尤其是设置可行的能源量化目标，能够强有力地推动绿色校园的建设与发展。

### 2）系统规划、动态实施

整体规划在许多校园绿色化进程中起到重要作用，通过整体发展框架，分层次、分步骤制定"战略规划—整体规划—专项规划—行动计划"，明确发展方向与优先部分，动态性地制定能源、水资源、生态、建筑改造等方面具体的专项规划与行动计划，形成中长期、短期、年度发展路线图。

### 3）监督实施、定期反馈

为了监督反馈绿色校园的实施进展，高校可设置相关监督反馈机制；较为基础且高效的是发布绿色校园年度报告，高校可通过年度报告的方式总结各类项目进展情况，记录分析绿色化进程；在此基础上，一些校园参与国内外评价，深入系统分析绿色化现状，横向、纵向比较实施效果；此外，部分校园根据自身需求制定绿色评价体系与工具，更加针对性地指导校园的绿色发展。通过系统性的发展规划，帮助处于不同发展阶段的校园构建适合的发展线路图。

## 7.3.2　绿色校园运营的实施保障机制

随着绿色校园建设的逐步普及与深入，"自上而下与自下而上相结合"推动方式的重要性更加凸显；政府逐步从主导者转变为监管者，通过设置引导与激励机制，明确市场的作用；发挥高校自身的能动性，从而积极促成合作共赢的绿色校园运营模式。

### 7.3.2.1　运营政策的长效支持

#### 1．探索多维度政策支持

目前，国家与地区政策通过目标引导、资金支持、技术推广、模式创新等方式，为高校绿色运营创造更加积极的外部环境。一些城市通过引导市场正向推动城市绿色发展，鼓励机制创新，形成政府与高校"自上而下与自下而上相结合"的推动方式，让高校与市场成为绿色化改造的共同受益者。

2021年，天津市发展改革委等部门联合发布《关于开展能源费用托管型合同能源管理项目试点工作的通知》[270]，鼓励节能服务公司创新服务模式，开展能源费用托管型合同能源管理项目试点工作；合同能源管理（Energy Management

Contract，简称EMC）是基于市场运作的节能机制，以节省下来的能耗费用支付节能改造的成本和运行管理成本，通过用户未来的节能收益降低目前的改造与运行成本[271]，从而促进政府、高校与市场三方的合作。

### 2．完善配套监管措施

合同能源管理等绿色金融手段已经成熟应用于发达国家，也在逐步推动我国高校绿色校园建设；2016年，人民银行等七部委联合印发《关于构建绿色金融体系的指导意见》，明确建立绿色金融体系，通过绿色信贷、绿色债券、绿色发展基金、绿色保险、碳金融等金融工具和政策支持经济的绿色化转型[272]；但面对大量的绿色化改造工作，绿色金融的实际应用仍存在很多问题，如相关产品开发成熟程度不足、相关法律法规不健全等[273]。随着绿色金融配套政策与措施的深化，将为高校绿色化改造提供更多动力，在政府、高校的监督与引导下，有序支持校园的绿色运营。

## 7.3.2.2 校园能动性自主激发

### 1．探索智慧绿色管理模式

随着校园信息化、智能化设施的不断普及，技术的发展也带动了校园规划、运营、监管方式的变化，智慧的绿色管理模式将进一步从顶层设计、运营管理、空间规划等方面助力绿色校园发展（图7-5）。例如一些校园基于能源水资源的

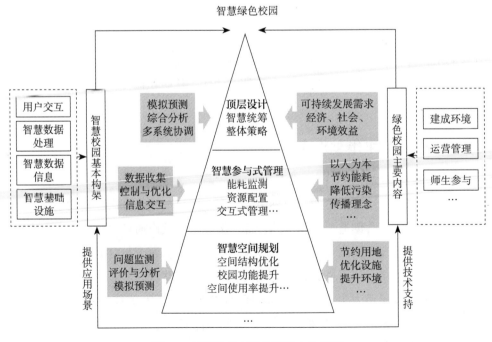

图7-5　智慧技术在绿色校园中的应用

分项统计，精准地进行问题与潜力分析，形成更加绿色的管理规则[274]；一些校园基于实时的监测数据，制定类型化的能源与资源使用方案[275]；智慧技术的应用，结合管理模式优化与创新，可进一步提升校园资源的使用效率，支持校园的绿色发展。

### 2．发挥学校特点与优势

高校是人才聚集地、知识创新的场所。在技术发展的基础上，高校可进一步发挥学科优势与特点，探索创新性的运营管理方式。例如一些高校通过建立校园动植物信息数据库，规划动植物种群与栖息地，构建人与自然共生的绿色校园；一些高校结合学科特点，将科研成果应用于校园建筑、能源系统的节能改造，并基于实际运营效果持续优化[276]；通过发挥自身优势，高校可以从技术发展与科研创新等方面探索更加智慧的绿色校园。

## 7.3.3 绿色校园参与的实施保障机制

在关注绿色校园基本物质环境、运营管理状态的基础上，校园的主要使用者师生对于绿色校园建设的影响力不容忽视；本研究提出在教育、科研、参与方面，通过信息的公开与共享、参与渠道的共建，提升绿色行为的"参与感"，明确校园绿色化改造的"获得感"，从而创造互动式的参与氛围。

### 7.3.3.1 校园信息集成与共享

#### 1．形成信息公开与共享机制

绿色校园信息的公开与共享机制有助于鼓励师生了解、感知校园，参与绿色校园相关活动。一些高校发布专门的绿色校园网站，系统地介绍相关规划与项目进展情况，并通过新闻网，后勤、基建公众号，发布绿色校园的各项活动；部分高校公布实时能耗查询系统方便师生了解校园运营状态；有的高校通过设计项目进展的投资收益"仪表板"（Dashboard）[277]，方便校园各类使用者追踪项目进展；一些高校与科研团队共享校园运营数据，从而将研究与实践结合，共同探索绿色校园的建设模式。

#### 2．构建多主体之间的信息流

校园各主体之间畅通的信息流有助于共同创造更加智慧、健康的绿色校园，建立管理者—使用者—物质环境之间信息交互途径；使用者基于手机、网页、电子屏等信息终端，通过数据共享、反馈与评价等方式参与校园运营，而管理者通过绿色教育、空间环境控制、管理制度约束等方式引导使用者的节能行为，实现"人—事—物"之间信息互通，形成多源头、多角度的信息集成作为校园分析与决策基础，并促进师生的参与共建。

### 7.3.3.2　师生参与反馈与激励

#### 1．共建师生参与渠道

高校校园是最直接的绿色措施实验基地、绿色氛围体验场所。国内外许多高校开展了"绿色校园生活实验室"活动，在绿色校园的建设中，更多地融入师生的科研、教育、参与项目，以校园为例，探索、测试与验证师生的创新理念，形成一系列知识产品；通过开放师生的参与渠道，师生可以亲身体验校园运营、反馈校园问题、以自己的专业知识为校园的绿色发展献计献策。

#### 2．激励师生参与反馈

在师生参与渠道完善的基础上，高校可通过提升师生参与的获得感，真实体验绿色化改造的收益，激发师生参与动力。在校园绿色发展的整体原则与框架下，可对师生的绿色参与行为进行鼓励，例如通过阶梯化电费水费收费的方式，鼓励以宿舍为单位的节能行为；构建碳排放自主申报平台，鼓励师生的绿色生活方式；提供绿色校园研究的奖学金，带动师生参与热情。师生也可基于校园的实际性与复杂性议题，提供创新式解决方案，例如以校园环境提升、绿色化改造项目作为教学、科研的案例，检验、实施师生们的科研成果；通过切实体验绿色行为带来的物质与精神收益，增强师生的获得感。

## 7.3.4　绿色校园评价目标的实施保障建议清单

在分析提炼高校绿色校园评价目标实施保障机制的基础上，根据国内外具体的实施方案与方法，本研究提出适用丁我国高校的实施保障建议清单，并按照必要性分为"强烈建议步骤"与"比较建议步骤"，具体建议清单如下（表7–7）。

表7-7

## 高校绿色校园评价目标的实施机制建议清单

| 分类 | 实施机制 | 具体内容 | 实施周期 | 实施方式监督方式 | 相关组织协会 | 上级管理部门 | 高校管理部门 | 高校师生 |
|---|---|---|---|---|---|---|---|---|
| 基本治理体系 | 组织构架 | ■设置绿色校园专职管理机构：由学校最高层级的管理人员主管或者监督，并由基建、后勤、计算机技术、各学院等配合、配备专业管理人员 | 长期 | 组建绿色校园管理办公室 组建专家指导委员会 组建具体实施工作组 | ○ | ○ | ● | ○ |
| | | □组建多主体参与的绿色校园组织：由师生与利益相关者参与，协助意见反馈，监督绿色校园实施 | 长期 | 授权组建相关校园组织 | ○ | | ● | ● |
| | | □参与国内外绿色校园组织联盟：<br>· 中国绿色校园社团联盟（China Green Campus Association Network，缩写CGCAN）<br>· 国际可持续校园联盟（International Sustainable Campus Network，缩写ISCN）<br>· 亚洲可持续校园联盟（Asian Sustainable Campus Network，缩写ASCN）<br>· 日本校园可持续发展联盟（Campus Sustainability Network in Japan，缩写CAS-Net JAPAN） | 长期 | （每年）参加或组织交流论坛、学术会议，分享相关实践经验 | ● | ○ | ● | ● |
| | 分层规划 | □提出大学绿色校园倡议：远期愿景、发展方向 | 长期 | 根据国内外环境背景，结合校园发展需求提出 | ○ | ○ | ● | |
| | | ■制定中长期战略规划：根据时代背景与校园现状，制定校园10~25年发展规划<br>· 描述校园整体发展定位，及绿色校园发展的远期发展目标（量化能源发展目标、碳中和目标）<br>· 确定校园大致发展路径、优先发展方向 | 10~25年 | 作为顶层设计指导校园发展 并通过进一步细化明确阶段性发展（每个周期）总结实施效果 | ○ | ○ | ● | ○ |

| 分类 | 实施机制 | 具体内容 | 实施周期 | 实施方式监督方式 | 相关组织协会 | 上级管理部门 | 高校管理部门 | 高校师生 |
|---|---|---|---|---|---|---|---|---|
| 基本治理体系 | 分层规划 | ■制定校园整体规划、专项规划：基于中长期规划与现状变化，分层级制定详细的专项规划<br>· 基于战略规划，明确绿色校园发展目标<br>· 制定绿色校园实施的指导原则<br>· 优选重点发展方面与项目<br>· 重要项目的详细专项规划设计 | 5～10年 | （每年）绿色校园发展报告<br>（每个周期）的评估与更新 | ○ | ○ | ● | ○ |
| | | ■制定行动方案，项目具体实施计划：基于行动计划，制定具体的年度计划，推动具体项目实施进展<br>· 制定年度行动方案与计划<br>· 确定具体责任人与实施计划<br>· 追踪实施的成本、收益与效果 | 1～5年 | （每年）绿色校园发展报告<br>（每个周期）项目评估汇总<br>（实时）项目进展追踪 | | | ● | ○ |
| | | ■发布绿色校园年度报告：基于校园中长期、短期、年度发展目标，监督项目进展，追踪项目进展，作为评价分析的基础数据 | 1年 | （每年）由负责人、师生监督报告结果 | | | ● | ○ |
| | 定期评价 | ■参与绿色校园系统性评价：基于国内外成熟的、适用的评价体系，定期评价绿色校园建设现状<br>《绿色校园2019》<br>·美国STARS<br>·印尼GM<br>…… | 1～3年 | （每1～3年）参与评价，通过专家验证，第三方机构核算评价结果；通过横向与比较，判断绿色校园发展的合理性，分析未来潜力，并作出积极调整 | ○ | | ● | ○ |
| | | □优化或者制定符合校园需求的评价体系：优化或构建评价体系与工具，指导项目设计与实施 | 长期 | 通过项目实施与其他评价体系对比验证 | | | ● | ○ |

| 分类 | 实施机制 | 具体内容 | 实施周期 | 实施方式监督方式 | 相关组织协会 | 上级管理部门 | 高校管理部门 | 高校师生 |
|---|---|---|---|---|---|---|---|---|
| 运营支持体系 | 资金支持 | ■ 多渠道获取建设资金支持：<br>· 国家与地方政府经费<br>· 企业与研究机构的基金<br>· 银行绿色金融产品…… | 短期/长期 | （定期）项目追踪跟进实施情况<br>（每年）绿色校园发展报告 | ● | ● | ● | ○ |
|  | 资金支持 | ■ 制定合同能源管理协议：<br>· 能源管理合同<br>· 改造或更新设备与构筑物的租赁合同<br>· 创新管理模式与协议…… | 短期/长期 | （每个周期）通过项目实施验收，监督经费使用情况，评价项目实施效果，投入与产出比率 | ● | ● | ● | ○ |
|  | 管理规则 | □ 制定相关管理规则：<br>· 能源管理（构建预算模型，分学院账单）<br>· 垃圾分类回收方式与处理流线<br>· 动植物多样性数据库<br>· 运营认证（绿色办公与实验室设置试点）…… | 长期 | （每个周期）根据实施周期的效果进行优化与提升，形成适合校园个体的管理规则，实施导则 | ○ | ● | ● | ○ |
|  | 实施导则 | □ 形成相关实施导则：<br>· 绿色出行可达性导则<br>· 历史建筑物文化导则<br>· 动植物种类与分布导则…… | 长期 |  | ○ |  | ● | ○ |
|  | 教育资源 | ■ 向师生、公众提供绿色教育资源：<br>· 绿色出行与正式课程<br>· 正式与非正式导则<br>· 在线教育资源（慕课）…… | 长期 |  |  | ○ | ● | ○ |
| 参与激励体系 | 培训计划 | ■ 为校园领导者、管理者提供绿色培训：根据校园组织机构架，为相关治理者提供绿色理念培训，保持思想的先进性<br>□ 向管理者提供培训与研讨机会：学习与分享绿色校园运营经验，更高效地实施绿色校园建设<br>· 参与绿色运营管理领域等各类培训（中教能源研究院提供的校园能源管理领域等各类培训）<br>· 参与高校后勤等各类比赛 | 定期/每年 | 为师生提供直接、丰富的绿色教育资源，并结合校园实际提供实践参与渠道<br>（每年）进行师生绿色意识调查，优化资源供给，提升师生参与程度 | ○ | ○ | ● | ○ |

| 分类 | 实施机制 | 具体内容 | 实施周期 | 实施方式监督方式 | 相关组织协会 | 上级管理部门 | 高校管理部门 | 高校师生 |
|---|---|---|---|---|---|---|---|---|
| 参与激励体系 | 参与渠道 | ■组建师生团队以宣传、监督、促进绿色校园建设：<br>·绿色校园学生社团、科研团队<br>·学院绿色校园监督组织<br>·国内外相关学生组织（CYCAN 青年应对气候变化行动网络）…… | 定期/每年 | （定期）公布绿色校园相关活动参与方式、活动形式，鼓励师生参与监督（每年）提供年度报告总结监督 | ○ |  | ● | ● |
|  |  | □向师生提供参与绿色校园运营管理的机会：<br>·"校园作为生活实验室"绿色示范项目<br>·师生管理体验<br>·鼓励相关教育与科研 | 定期/每年 |  | ○ | ○ | ● | ● |
|  | 数据公开 | ■公开绿色校园项目进展情况：<br>·校园新闻网<br>·绿色校园官方网站、公众平台…… | 定期/每年 | （定期）根据项目进展情况及时公布，方便师生及时了解信息（实时）构建相关网页或者平台，实时向师生公开部分信息，以鼓励师生的绿色行为（每年）向公众提供年度报告 |  | ○ | ● | ○ |
|  |  | □定期，或者实时发布绿色校园运营数据：<br>·校园能耗实时监测平台<br>·建设绿色校园项目实施的追踪系统 | 定期/每年 |  |  | ○ | ● | ○ |
|  | 激励方式 | ■校园绿色行为激励：<br>·分梯度水电费收取（鼓励以宿舍、研究室、学院为单位的节能行为） | 长期 | （定期）及时公布相关信息，方便师生知悉与参与 | ○ | ○ | ● | ● |
|  |  | □设置鼓励师生参与的奖励，奖金：<br>·绿色相关项目组织、参与经费奖励 | 定期 |  | ● | ○ | ● | ● |

■ 代表强烈建议步骤；□ 代表比较建议步骤；● 代表主要责任者；○ 代表辅助参与者。

## 7.4　本章小结

本章根据前述章节对京津冀高校绿色校园的充分分析，以及第6章评价得出的类型化结果，结合国内外优秀实践方案的实施维度与时序，归纳绿色校园发展的经验与启示，从而构建我国高校绿色校园的实施路径与机制，为不同建设程度的校园提供实施保障。

1）根据国内外高校绿色校园优秀实践案例的实施过程，归纳案例校园在各个维度的建设目标与实施方式的共性特点，得出绿色校园的建设往往基于一致性的远期目标，通过持续性、动态性的规划实施，与内外部政策支持、多主体的参与共建持续推动。

2）基于校园"供需匹配"的决策模型，根据我国绿色校园整体的发展程度、各个维度的建设特点，提出差异化引导目标、匹配性发展路径、共建式推动方式下的绿色校园实施路径，引导不同发展基底与能力的高校持续迈向其绿色化目标，鼓励绿色校园建设从"局部最优解"向"全局最优解"过渡。

3）基于绿色校园实施路径，进一步提出实施机制，从基本治理体系、运营支持体系、参与激励体系三方面分析适用于我国绿色校园建设的保障机制与发展趋势，并列举具体的实施方式、周期、监督机制与主要责任人，提倡进一步发掘校园的治理智慧，发挥市场的正向推动作用以及促进校园各个主体的协同参与，以更加高效的方式共同获取绿色发展带来的价值。

第 **8** 章

# 研究结论与展望

# 8.1 研究结论

在全球环境问题恶化与我国城市化高质量发展的双重挑战下，城市坚持绿色、可持续发展具有重要的现实意义，高等院校作为城市的重要组成部分，同样面临着巨大的绿色化发展挑战。我国高校数量大、能耗高，整体绿色化水平较低，相当数量的校园绿色发展动力不足。面对高校绿色校园发展的迫切性与矛盾性，作为初始步骤之一的评价体系构建显得至关重要。

研究以京津冀为例，基于问题和目标导向相统一的原则，构建高校绿色校园评价理论框架、方法流程与实施保障机制。基于多源数据分析，融入多视角专家意见，融合多学科理论方法，研究得到以下三方面结论。

**1. 面对现有全国性评价体系对于区域高校适用性、匹配性与引导性不足的问题，基于问题和目标导向相统一的原则，以京津冀为例，明确了高校绿色校园评价体系的理论框架**

基于问题导向，遴选京津冀地区代表性校园案例，通过多源数据收集与分析，归纳高校校园建设的主要共性问题。基于目标导向，筛选国内外典型性高校绿色校园评价体系，通过基本特征的逐层系统性比较，为我国评价体系的构建提供元素与趋势参照。基于问题和目标导向相统一的原则，构建我国高校绿色校园综合评价体系，形成本研究的理论基础。

**2. 基于本研究提出的"高校绿色校园评价体系"，构建评价方法与"初级诊断—深化评级"两级评价流程，为处于不同发展阶段的高校校园提供科学的、适用的具体评价流程，并指导绿色校园的系统性优化设计**

通过案例测试与专家意见反馈，验证高校绿色校园评价体系的科学性、合理性与适用性。基于评价体系优化建议，提出高校绿色校园评价的"初级诊断—深化评级"两级评价方法与流程，在评价对象、使用流程、结果展示等方面完善评价体系的配套流程，为设计实践提供参照。

**3. 基于本研究校园案例类型化评价结果，综合国内外绿色校园优秀实践案例的启示，提出高校绿色校园评价目标的实施保障机制，构建治理、运营、参与维度的实施建议清单，为高校绿色校园的持续建设提供保障**

## 8.2　研究局限性与展望

绿色校园是多维度的复杂系统，评价体系的构建与验证是一个长期性、持续反馈的过程；结合本研究的局限性，未来的研究工作将在以下几个方面深入。

### 1. 高校绿色校园评价体系研究方面

研究根据京津冀高校基本特征与类型遴选出15个代表性案例，但研究受限于时间、数据开放性、调研深度，尚未能进行持续性跟踪。相较于我国丰富的校园类型与数量，研究的案例数量与数据精度仍可深化。随着高校校园数据的进一步开放、相关研究的持续深入，可更加充分、深入地总结现状问题。

目前国内外的研究与实践已经产生了相当数量的评价体系，但是随着高校绿色校园评价目标的转变、发展实践需求的更新，全球型评价体系与区域型评价体系的研究与更新都将持续进行。因此，在更加充分的绿色校园建设现状分析的基础上，我国评价体系的持续性构建与优化仍然具有很高的研究价值。

### 2. 高校绿色校园评价方法与配套工具方面

研究以京津冀高校为例构建评价理论框架，基于案例与专家反馈对评价体系进行详细的综合验证，并通过国内外交流访问、参与校园建筑改造设计项目积累实践经验。但评价体系的验证与反馈是长期的动态过程，仍然需要基于更多实践案例进行长周期反复检验与优化，从而更加适用于实践应用。

当前我国绿色校园评价体系的研究与实践多注重理论框架的构建，在评价实践与应用层面可以进一步探索与完善。在面对我国高校学科类型多样化、气候区域差异化、高校管理与运营机制多元化等现状特征时，可通过评价机制、评价流程、配套工具等研究，推动与促进评价应用。

### 3. 高校绿色校园评价目标的实施保障机制有效性方面

研究提出高校绿色校园实施保障机制，提炼具体的实施机制与清单。但在绿色校园机制实际构建与实施中，仍需与高校利益相关者反复沟通与研究，考虑多主体协同推动的复杂性、延迟性、系统风险等问题，并调整、深化机制细节。

随着我国碳中和相关政策的发展与落地，高校绿色校园发展的内外部环境也将优化与提升。在此基础上，绿色校园实施保障机制效果的综合作用机制，校园案例具体实施决策的定性、定量研究具有很强的现实意义，基于整体性宏观视角或校园个案微观视角的研究，将进一步为推动绿色校园建设实践提供参考。

本研究以京津冀为例，基于现阶段高校绿色化发展趋势与方式，提供了一种解决思路与方法。随着绿色校园研究与实践的发展、绿色技术与智慧技术的进一步融合，在新的发展阶段，如何更加科学、合理、可持续地建设高校绿色校园，完善评价的理论与方法，仍然需要更加深入研究与探索。

# 附 录

## A "高校绿色校园现状评价"问卷调研

### A 基础信息

1. 您的性别*

   A. 男　　　　B. 女

2. 您的职业*

   A. 本科生　　B. 硕士研究生　　C. 博士研究生　　D. 教职工　　E. 管理人员

   F. 其他_____

3. 您在学校学习/工作的时间长度*

   A. 小于1年　B. 1年　　　　C. 2年　　　　D. 3年　　　　E. 4年

   F. 5年及以上

4. 您对所评价校园的熟悉程度*

   A. 非常不熟悉　　B. 比较不熟悉　　C. 一般　　D. 比较熟悉　　E. 非常熟悉

### B 绿色校园概念的认知

5. 您对"绿色校园"概念、内涵的基本理解，以下最符合的是*

   A. 完全不了解　　　　B. 有一点了解　　　　C. 有基础性了解，并不全面

   D. 比较了解，知道具体内容　　　　E. 非常了解，参与或从事相关活动

*在我国评价标准中，绿色校园定义是：在其全寿命周期内最大限度地节约资源（节能、节水、节材、节地）、保护环境和减少污染，为师生提供健康、适用、高效的教学和生活环境，对学生具有环境教育功能，与自然环境和谐共生的校园。*

6. 您认为，在绿色校园现阶段的建设中，以下内容的重要程度*

   （1分为非常不重要，5分为非常重要，您的评分是）

   A. 校园物质环境（建筑、景观、道路等）_____

   B. 绿色校园的管理（管理制度、方法）_____

   C. 绿色教育、科研（普及、研究相关绿色知识）_____

   D. 师生的参与（日常节能行为、绿色意识）_____

### C 绿色校园建设情况调研

**物质环境方面**

7. 对您来说，校园整体规模与师生人数相比较，空间感觉*

   A. 非常紧凑（校园空间小，不能满足人数需求）　　B. 比较紧凑　　C. 中等，舒适

   D. 比较宽敞　　　　E. 非常宽敞（校园空间大，感觉过于空旷）

| C 绿色校园建设情况调研 |
|---|

8. 校园内部功能布局是否合理（各类建筑的位置，是否方便使用）? *

    A. 非常不合理        B. 比较不合理        C. 一般        D. 比较合理

    E. 非常合理

9. 关于校园规划，您的看法是*（1分为非常不同意，5分为非常同意，您的评分是）

    应该增加校园边界开放性（增加出入口），方便内外联通_____

    应该增加校园内部连通性，拆除内部围墙_____

    应该规划慢行道路，提升校内交通安全性_____

    应该增加校内服务功能（如超市、打印店等）_____

10. 您对校园规模、功能的建议与意见_____

11. 您对校园内部整体环境的评价*（1分为非常不满意，5分为非常满意，评分是）

    建筑（外观、质量、室内舒适度等）_____

    室外环境（风环境、噪声等）_____

    景观环境（树木、植被数量、品质）_____

    活动空间（如广场、休憩空间的数量、品质）_____

    慢行环境（行人、自行车的交通环境）_____

    校园环境安全（夜间、偏僻区域环境安全感）_____

12. 您对校园环境的建议与意见_____

13. 校园是否存在以下绿色措施? *（单选题，请选择"是"，"否"，"不清楚"）

    可再生能源利用（太阳能、地热能、风能等）_____

    采用节水设备（滴灌、节水用具等）_____

    垃圾、废弃物分类处理_____

    规划防灾、避灾场所_____

    智能化管理（教室在线选座、环境自动监控、调整等）_____

14. 请列举校园存在的绿色措施_____

15. 您日常居住在*

    A. 宿舍（位于校内）        B. 宿舍（位于校外）    C. 其他

    *15题选A或B，跳转17题，选C，跳转16*

16. 您不住校的原因是（多选）*

    A. 宿舍数量不够，未能申请到    B. 对宿舍条件不满意    C. 我有其他居住地点

    D. 个人及家庭因素    E. 其他_____

17. 您平时到达学校一般采用的交通方式是（多选）*

    A. 公共交通（地铁、公交、学校班车）    B. 私家车

    C. 自行车    D. 步行    E. 其他_____

18. 您从居住地到达学校的时间一般为多久*

    A. ≤10分钟    B. 10~20分钟    C. 20~30分钟    D. 30~45分钟

    E. 45分钟~1小时    F. 1~2小时    G. >2小时

19. 校园与周边公共交通的连接情况*

    A. 非常不方便    B. 比较不方便    C. 一般    D. 比较方便

    E. 非常方便

続表

## C 绿色校园建设情况调研

20. 多校区之间交通连接的情况*
    A. 没有/几乎不往返于其他校区　　B. 非常不方便　　C. 比较不方便
    D. 一般　　　　E. 比较方便　　　　F. 非常方便

21. 您对校园可达性的评价与建议＿＿＿＿＿＿＿＿＿＿＿＿＿＿＿＿＿

22. 您认为校园整体教室面积与师生人数相比，空间大小如何（根据校园一个学年的平均情况）? *
    A. 非常拥挤　　B. 比较拥挤　　C. 适中　　　D. 比较宽敞
    E. 非常宽敞　　F. 其他＿＿＿＿

23. 您对校园建筑（宿舍除外）的每周整体使用时长（根据1学年平均情况估算，每周总使用时间：12小时/天×5个工作日=60小时/周计算）*
    A. 非常少，≤5小时/周　　　　　B. 比较少，约5~20小时/周
    C. 中等，约20~45小时/周　　　D. 比较高，约45~60小时/周
    E. 非常高，>60小时/周（周末也使用）

24. 您在一个学年中，对以下校园建筑平均每周使用时长（根据1学年平均情况估算，每周总使用时间：12小时/天×5个工作日=60小时/周计算）*
    图书馆＿＿＿＿工作室/实验室＿＿＿＿教学/科研/会议建筑＿＿＿＿
    行政办公建筑＿＿＿＿体育建筑＿＿＿＿

25. 您最满意且经常使用的校园建筑名称*＿＿＿＿

26. 请说明该建筑让您满意的方面（多选）*
    A. 建筑外观
    B. 室内环境（温度、湿度、采光、通风、空气质量等）
    C. 室内设施（家具、办公设施、洁具等）
    D. 建筑管理（门禁、选座、室内环境控制等）
    E. 其他＿＿＿＿

27. 请说明令您最不满意且经常使用的校园建筑名称*＿＿＿＿

28. 请说明该建筑让您不满意的原因（多选）*
    A. 建筑外观
    B. 室内环境（温度、湿度、采光、通风、空气质量等）
    C. 室内设施（家具、办公设施、洁具等）
    D. 建筑管理（门禁、选座、室内环境控制等）
    E. 其他＿＿＿＿

**运营管理方面**

29. 您的校园是否进行以下绿色管理与运营活动? *（单选题，请选择"是"，"否"，"不清楚"）
    设立绿色校园管理机构
    制定绿色校园管理规则
    公布校园能耗数据（水、电用量等）
    设有绿色校园问题的反馈途径

| C 绿色校园建设情况调研 |
|:---:|

**师生参与方面**

30. 您日常的绿色行为包括哪些？（多选）*

    A. 节约用水       B. 节能行为（如及时关闭电器）      C. 废弃物回收与再利用

    D. 使用再生物品    E. 参与绿色相关组织        F. 其他_____

31. 您认为进一步建设绿色校园，以下因素的重要程度*

    （1分为非常不重要，5分为非常重要，您的评分是）

    相关国家政策的支持

    学校管理者的重视

    绿色校园方面的资金投入

    师生的参与

# B 国内外典型性评价体系分析

## 1. 绿色校园排名体系（Ranking）

### 世界绿能大学评比GM一级、二级指标与权重     表B1-1

| 一级指标体系 | 指标数量 | 权重 | 二级指标体系 |
|:---:|:---:|:---:|:---|
| 1. 设置与基础设施<br>（Setting and Infrastructure） | 6 | 15% | 1.1 开放空间比例<br>1.2 森林覆盖比例<br>1.3 植被覆盖比例<br>1.4 除森林与植被外透水性地面比例<br>1.5 人均开放空间面积<br>1.6 一年内可持续校园预算比例 |
| 2. 能源与气候变化<br>（Energy and Climate Change） | 8 | 21% | 2.1 节能电器<br>2.2 智慧建筑<br>2.3 可再生能源<br>2.4 人均用电量<br>2.5 年均可再生能源比例<br>2.6 绿色建筑<br>2.7 温室气体排放<br>2.8 人均碳足迹 |
| 3. 废弃物（Waste） | 6 | 18% | 3.1 废弃物再利用<br>3.2 减少纸、塑料使用<br>3.3 有机废弃物处理<br>3.4 无机废弃物处理<br>3.5 有害物质处理<br>3.6 污水处理 |
| 4. 水资源（Water） | 4 | 10% | 4.1 节水<br>4.2 水资源循环利用<br>4.3 节水器具<br>4.4 再生水购买 |

| 一级指标体系 | 指标数量 | 权重 | 二级指标体系 |
|---|---|---|---|
| 5. 交通（Transport） | 8 | 18% | 5.1 人均交通工具占有量<br>5.2 校车服务<br>5.3 零排放车辆<br>5.4 人均零排放车辆占有量<br>5.5 停车面积比例<br>5.6 减少停车面积<br>5.7 减少私家车使用<br>5.8 人行道 |
| 6. 教育（Education） | 7 | 18% | 6.1 可持续校园课程比例<br>6.2 可持续研究基金比例<br>6.3 可持续研究的出版物<br>6.4 可持续相关活动<br>6.5 可持续相关学生组织<br>6.6 学校官方可持续校园网站<br>6.7 可持续报告 |

**英国评价体系P&P一级、二级指标与权重**　　　　　　　　表B1-2

| 一级指标体系 | 指标数量 | 权重 | 二级指标体系 |
|---|---|---|---|
| 1. 环境政策与战略<br>（Environmental Policy and Strategy） | 2 | 4% | 1.1 政策<br>1.2 目标与策略 |
| 2. 员工（Staff） | 4 | 8% | 2.1 治理—高级员工<br>2.2 专家人员<br>2.3 投资<br>2.4 所有员工参与 |
| 3. 环境审计与管理系统<br>（Environmental Auditing & Management Systems） | 2 | 10% | 3.1 环境管理系统<br>3.2 环境审计 |
| 4. 道德投资<br>（Ethical Investment & Banking） | 7 | 7% | 4.1 道德投资政策<br>4.2 道德投资 |
| 5. 碳管理<br>（Carbon Management） | 5 | 7% | 5.1 碳管理计划<br>5.2 碳管理和排放 |
| 6. 职工权利<br>（Workers Rights） | 5 | 6% | 6.1 工资管理<br>6.2 员工平等<br>6.3 公平交易<br>6.4 监控和改革供应链 |
| 7. 可持续粮食<br>（Sustainable Food） | 8 | 4% | 7.1 可持续食物政策<br>7.2 可持续食物框架<br>7.3 合同管理<br>7.4 可持续食物行动<br>7.5 当地食物<br>7.6 饮用水<br>7.7 社区食物 |

| 一级指标体系 | 指标数量 | 权重 | 二级指标体系 |
|---|---|---|---|
| 8．教职工与学生参与<br>（Staff and Student Engagement） | 11 | 5% | 8.1 师生互动策略<br>8.2 学生和员工参与<br>8.3 员工入职<br>8.4 工会参与<br>8.5 学生代表<br>8.6 学生会 |
| 9．可持续发展教育<br>（Education for Sustainable Development） | 8 | 10% | 9.1 教育促进可持续发展的承诺<br>9.2 实施和跟踪可持续发展教育<br>9.3 支持教职人员<br>9.4 可持续发展教育—研究<br>9.5 平等接受高等教育 |
| 10．能源<br>（Energy Sources） | 3 | 8% | 10.1 能源 |
| 11．废弃物与回收<br>（Waste and Recycling） | 2 | 8% | 11.1 回收再利用<br>11.2 人均废弃物量 |
| 12．减少碳排放<br>（Carbon Reduction） | 2 | 15% | 12.1 碳排放<br>12.2 减少碳排放 |
| 13．节水<br>（Water Reduction） | 2 | 8% | 13.1 人均用水量<br>13.2 使用灰水或雨水 |

## 2．引起绿色意识体系（Raising Consciousness）

**可持续发展评估问卷SAQ一级、二级指标与权重**　　　　表B2-1

| 一级指标体系 | 指标数量 | 权重 | 二级指标体系 |
|---|---|---|---|
| 1．课程<br>（Curriculum） | 5 | 20% | 1.1 课程<br>1.2 未教授课程<br>1.3 关注程度<br>1.4 本科生课程<br>1.5 教学尝试 |
| 2．研究与奖学金<br>（Research and Scholarship） | 3 | 12% | 2.1 学院科研<br>2.2 学生科研<br>2.3 跨学科研究机构 |
| 3．运营<br>（Operations） | 3 | 12% | 3.1 运营实践<br>3.2 运营承诺<br>3.3 运营与教育科研的结合 |
| 4．教职工发展与奖励（Faculty and Staff Development and Rewards） | 3 | 12% | 4.1 参与的认可<br>4.2 聘用与晋升<br>4.3 发展机会 |
| 5．参与和服务<br>（Outreach and Service） | 2 | 8% | 5.1 合作关系<br>5.2 社区服务 |
| 6．学生机会<br>（Student Opportunities） | 3 | 12% | 6.1 学生机会<br>6.2 就业选择<br>6.3 学生组织 |

| 一级指标体系 | 指标数量 | 权重 | 二级指标体系 |
|---|---|---|---|
| 7. 治理，任务和计划<br>（Administration， Mission and Planning） | 6 | 24% | 7.1 宣言<br>7.2 承诺<br>7.3 信息发布可见度<br>7.4 优势与劣势<br>7.5 重要因素<br>7.6 下一步计划 |

## 3. 确定整体情况体系（Identifying the Overall Picture）

### 智利评价体系AMAS一级、二级指标与权重　　　　表B3-1

| 一级指标体系 | 指标数量 | 权重 | 二级指标体系 |
|---|---|---|---|
| 1. 机构承诺<br>（Institutional commitment） | 9 | 36% | 1.1 目标与承诺<br>1.2 发展策略<br>1.3 沟通与协调 |
| 2. 树立榜样<br>（Setting an example/leadership） | 12 | 48% | 2.1 人员多样性及公平性<br>2.2 资源消耗<br>2.3 校园参与 |
| 3. 推进可持续发展<br>（Advancing sustainability） | 4 | 16% | 3.1 教育<br>3.2 科研<br>3.3 公共参与 |

### 葡萄牙评价体系SusHEI一级、二级指标与权重　　　　表B3-2

| 一级指标体系 | 指标数量 | 权重 | 二级指标体系 |
|---|---|---|---|
| 1. 治理<br>（Governance） | 2 | 14% | 1.1 学术社区 |
| 2. 运营<br>（Operations） | 2 | 14% | 2.1 能源消耗<br>2.2 排放 |
| 3. 教育<br>（Education） | 6 | 43% | 3.1 入学机会<br>3.2 学生表现<br>3.3 持续性教育<br>3.4 课程<br>3.5 可持续发展项目质量<br>3.6 就业能力 |
| 4. 科研<br>（Research） | 3 | 21% | 4.1 科研项目<br>4.2 出版物<br>4.3 可持续科研团体 |
| 5. 社区影响<br>（Impact on the community） | 1 | 7% | 5.1 经济影响 |

#### 非洲评价体系USAT一级、二级指标与权重　　　　表B3-3

| 一级指标体系 | 指标数量 | 权重 | 二级指标体系 |
|---|---|---|---|
| 1. 教学科研与社区服务<br>（Teaching, Research and Community Service） | 28 | 37% | 1.1 课程<br>1.2 教学方式<br>1.3 科研与奖学金<br>1.4 社区参与<br>1.5 成果检验<br>1.6 参与意愿 |
| 2. 运营与管理<br>（Operations and Management） | 25 | 33% | 2.1 运营与管理 |
| 3. 学生参与<br>（Student's Involvement） | 12 | 16% | 3.1 学生参与 |
| 4. 策略与承诺<br>（Policy and Written Statements） | 10 | 13% | 4.1 策略与承诺 |

## 4. 制定发展策略体系（Managing Strategy）

#### 可持续校园模型SUM一级、二级指标与权重　　　　表B4-1

| 一级指标体系 | 指标数量 | 权重 | 二级指标体系 |
|---|---|---|---|
| 1. 愿景<br>（Vision） | 1 | 4% | 1.1 构建概念 |
| 2. 任务<br>（Mission） | 1 | 4% | 2.1 构建目标 |
| 3. 承诺<br>（University-wide sustainability committee） | 1 | 4% | 3.1 政策目标与资金 |
| 4. 策略<br>（Strategies for fostering sustainability） | 24 | 89% | 4.1 教育<br>4.2 科研<br>4.3 参与和合作关系<br>4.4 可持续校园环境 |

#### 荷兰评价体系AISHE一级、二级指标与权重　　　　表B4-2

| 一级指标体系 | 指标数量 | 权重 | 二级指标体系 |
|---|---|---|---|
| 1. 身份<br>（Identity） | 6 | 20% | 1.1 愿景与政策<br>1.2 领导力<br>1.3 沟通机制<br>1.4 专业人员<br>1.5 协调与连贯<br>1.6 透明度与责任制 |

| 一级指标体系 | 指标数量 | 权重 | 二级指标体系 |
|---|---|---|---|
| 2. 运营<br>（Operations） | 6 | 20% | 2.1 运营目标<br>2.2 物质环境<br>2.3 经济因素<br>2.4 生态环境<br>2.5 健康环境<br>2.6 质量评估 |
| 3. 教育<br>（Education） | 6 | 20% | 3.1 教育目标<br>3.2 教育方式<br>3.3 意识与基础概念<br>3.4 主题整合<br>3.5 跨学科整合<br>3.6 结果评估 |
| 4. 科研<br>（Research） | 6 | 20% | 4.1 科研目标<br>4.2 支持方式<br>4.3 意识与基础概念<br>4.4 整合科研主题<br>4.5 多层次科研合作<br>4.6 结果评估 |
| 5. 社会<br>（Society） | 6 | 20% | 5.1 发展目标<br>5.2 支持方式<br>5.3 意识与基础概念<br>5.4 社会参与<br>5.5 连接与增强社会参与<br>5.6 影响评估 |

**联合国绿色校园工具包Toolkit一级、二级指标与权重** 表B4-3

| 一级指标体系 | 指标数量 | 权重 | 二级指标体系 |
|---|---|---|---|
| 1. 能源，碳与气候变化<br>（Energy，Carbon and Climate Change） | 21 | 16% | 1.1 节约能源<br>1.2 能源效率<br>1.3 可再生和代替能源 |
| 2. 水资源<br>（Water） | 21 | 16% | 2.1 节约水资源<br>2.2 水资源效率<br>2.3 再利用与循环使用 |
| 3. 废弃物<br>（Waste） | 14 | 11% | 3.1 政策与行为改变<br>3.2 废弃物管理<br>3.3 形成闭环 |
| 4. 生物多样性与生态系统服务<br>（Biodiversity and Ecosystem Services） | 9 | 7% | 4.1 政策、设计与发展<br>4.2 管理与维护 |
| 5. 规划，设计与开发<br>（Planning，Design and Development） | 6 | 5% | 5.1 校园规划<br>5.2 校园建筑设计<br>5.3 校园建造与管理 |
| 6. 采购<br>（Procurement） | 6 | 5% | 6.1 设计规范<br>6.2 评标<br>6.3 合同管理 |

| 一级指标体系 | 指标数量 | 权重 | 二级指标体系 |
|---|---|---|---|
| 7．绿色办公室<br>（Green Office） | 6 | 5% | 7.1　政策与行为改变<br>7.2　办公室实践 |
| 8．绿色实验室<br>（Green Lab） | 12 | 9% | 8.1　政策与行为改变<br>8.2　实验室实践<br>8.3　维修和基本工程 |
| 9．绿色信息技术<br>（Green IT） | 7 | 5% | 9.1　信息技术政策与行为改变<br>9.2　信息技术运维和基本工程 |
| 10．交通<br>（Transport） | 12 | 9% | 10.1　基本政策<br>10.2　通勤交通 |
| 11．学习、教学与科研<br>（Learning, Teaching and Research） | 7 | 5% | 11.1　教育<br>11.2　科研 |
| 12．社区参与<br>（Community Engagement） | 3 | 2% | 12.1　社区参与 |
| 13．治理与管理<br>（Governance and Administration） | 7 | 5% | 13.1　治理与管理 |

## 5．评级体系（Rating）

**日本评价体系ASSC一级、二级指标与权重**　　　　表B5-1

| 一级指标体系 | 指标数量 | 权重 | 二级指标体系 |
|---|---|---|---|
| 1．管理<br>（Management） | 43 | 25% | 1.1　政策与整体规划<br>1.2　可持续发展组织<br>1.3　财务资源管理<br>1.4　资产管理<br>1.5　设施管理<br>1.6　可持续发展的组织关系<br>1.7　人员培训<br>1.8　采购与合同 |
| 2．教育与科研<br>（Education and Research） | 16 | 9% | 2.1　教育<br>2.2　科研<br>2.3　学生 |
| 3．环境<br>（Environment） | 77 | 45% | 3.1　生态系统<br>3.2　土地<br>3.3　公共空间<br>3.4　景观<br>3.5　废弃物<br>3.6　能源与资源<br>3.7　基础设备<br>3.8　设施<br>3.9　交通<br>3.10　历史遗产的利用 |

| 一级指标体系 | 指标数量 | 权重 | 二级指标体系 |
|---|---|---|---|
| 4. 本地社区<br>（Local community） | 34 | 20% | 4.1 产业、学术和政府之间的合作<br>4.2 社区服务<br>4.3 信息传播<br>4.4 防灾<br>4.5 灾后重建中校园的作用 |
| 5. 特殊报告<br>（Special report） | 1 | 1% | 5.1 其他 |

高校可持续发展图形化评价体系GASU一级、二级指标与权重　　表B5-2

| 一级指标体系 | 指标数量 | 权重 | 二级指标体系 |
|---|---|---|---|
| 1. 基本配置<br>（Profile） | 43 | 25% | 1.1 策略与分析<br>1.2 组织基本信息<br>1.3 报告的基本参数<br>1.4 治理、承诺和参与<br>1.5 管理方法和性能指标 |
| 2. 经济方面<br>（Economic） | 9 | 5% | 2.1 经济表现<br>2.2 市场份额<br>2.3 间接经济影响 |
| 3. 环境方面<br>（Environmental） | 30 | 17% | 3.1 材料<br>3.2 能源<br>3.3 水资源<br>3.4 生态多样性<br>3.5 碳排放、废水和废弃物<br>3.6 产品和服务<br>3.7 合规性<br>3.8 交通<br>3.9 整体影响 |
| 4. 社会方面<br>（Social） | 40 | 23% | 4.1 劳动与工作<br>4.2 人权<br>4.3 社会<br>4.4 产品责任 |
| 5. 教育方面<br>（Educational） | 29 | 17% | 5.1 课程<br>5.2 研究<br>5.3 服务 |
| 6. 关联的问题和维度<br>（Interlinked issues and dimensions） | 23 | 13% | 6.1 同一维度的关联性<br>6.2 其他维度的关联性<br>6.3 所有维度的关联性 |

### 美国评价体系STARS一级、二级指标与权重 表B5-3

| 一级指标体系 | 指标数量 | 权重 | 二级指标体系 |
|---|---|---|---|
| 1. 机构基本特征<br>（Profile） | 5 | 0 | 1.1 介绍信<br>1.2 突出的特点<br>1.3 机构的边界<br>1.4 运营的特点<br>1.5 院系与人口 |
| 2. 学术<br>（Academic） | 11 | 28% | 2.1 课程<br>2.2 研究* |
| 3. 参与<br>（Engagement） | 15 | 20% | 3.1 校园的参与<br>3.2 公共参与 |
| 4. 运营<br>（Operations） | 22 | 34% | 4.1 空气与气候<br>4.2 建筑<br>4.3 能源<br>4.4 食物*<br>4.5 地面*<br>4.6 采购<br>4.7 交通<br>4.8 废弃物<br>4.9 水资源 |
| 5. 规划与管理<br>（Planning & Administration） | 15 | 16% | 5.1 协调与规划<br>5.2 多样性与支付能力<br>5.3 投资与金融*<br>5.4 福利与工作 |
| 6. 创新与领导能力<br>（Innovation & Leadership） | 1 | 2% | 附加评分项* |

### 校园可持续性评估框架核心体系CSAF Core一级、二级指标与权重 表B5-4

| 一级指标体系 | 指标数量 | 权重 | 二级指标体系 |
|---|---|---|---|
| 1. 身心健康<br>（Health & Wellness） | 6 | 13% | 1.1 休憩空间<br>1.2 饮食类型<br>1.3 食品采购<br>1.4 身体健康<br>1.5 精神健康<br>1.6 可到达的绿地 |
| 2. 社区（Community） | 15 | 31% | 2.1 志愿服务<br>2.2 投票率<br>2.3 学院—身心残疾雇员<br>2.4 身心残疾员工<br>2.5 残障学生<br>2.6 学院—少数民族雇员<br>2.7 少数民族员工<br>2.8 少数民族学生<br>2.9 学院—性别分布<br>2.10 雇员性别分布<br>2.11 学生性别分布<br>2.12 学院—本地雇员的平等<br>2.13 本地雇员的平等<br>2.14 本地学生的平等<br>2.15 公共交通的负担能力 |

| 一级指标体系 | 指标数量 | 权重 | 二级指标体系 |
|---|---|---|---|
| 3. 知识（Knowledge） | 5 | 10% | 3.1 新教师入职培训<br>3.2 教师可持续发展培训<br>3.3 可持续发展研究经费<br>3.4 具有可持续性内容的课程<br>3.5 研究合作 |
| 4. 治理（Governance） | 2 | 4% | 4.1 大学治理政策<br>4.2 大学可持续发展投资 |
| 5. 经济与财富（Economy & Wealth） | 4 | 8% | 5.1 学生债务负担<br>5.2 工资差距<br>5.3 当地购买的商品和服务<br>5.4 道德和环境的投资 |
| 6. 水资源（Water） | 3 | 6% | 6.1 消耗的饮用水<br>6.2 用水设备效率<br>6.3 产生的废水 |
| 7. 材料（Material） | 6 | 13% | 7.1 LEED认证的基础建筑<br>7.2 纸张消耗<br>7.3 纸的回收<br>7.4 当地食物生产<br>7.5 固体废物和可回收利用物<br>7.6 垃圾填埋 |
| 8. 空气（Air） | 1 | 2% | 8.1 无害的清洁剂 |
| 9. 能源（Energy） | 4 | 8% | 9.1 可再生能源：建筑<br>9.2 温室气体排放：建筑<br>9.3 温室气体排放：通勤运输<br>9.4 减少能源消耗 |
| 10. 土地（Land） | 2 | 4% | 10.1 维护的绿地<br>10.2 杀虫剂 |

### 太平洋可持续发展指数PSI一级、二级指标与权重　　　表B5-5

| 一级指标体系 | 指标数量 | 权重 | 二级指标体系 |
|---|---|---|---|
| 1. 环境方面主题（Environmental Intent Topics） | 42 | 48% | 1.1 责任制<br>1.2 大学部门特定指标<br>1.3 管理<br>1.4 政策<br>1.5 大学可持续发展报告卡标准<br>1.6 愿景<br>1.7 大气排放<br>1.8 能源<br>1.9 管理<br>1.10 材料用量<br>1.11 回收利用<br>1.12 废弃物<br>1.13 水资源 |

| 一级指标体系 | 指标数量 | 权重 | 二级指标体系 |
|---|---|---|---|
| 2. 社会方面主题<br>（Social Intent Topics） | 41 | 52% | 2.1 责任制<br>2.2 管理<br>2.3 政策<br>2.4 社会民主<br>2.5 大学可持续发展报告卡标准<br>2.6 愿景<br>2.7 人权<br>2.8 管理<br>2.9 定性社会指标<br>2.10 定量社会指标 |

**《绿色校园评价标准》GB/T 51356—2019一级、二级指标与权重　表B5-6**

| 一级指标体系 | 项目 | 指标数量 | 权重 | 二级指标体系 | 加权得分 |
|---|---|---|---|---|---|
| 1. 规划<br>与生态 | 控制项 | 4 | 25% | 1.1 选址<br>1.2 场地<br>1.3 教学楼<br>1.4 容积率与密度 | 0分 |
| | 评分项 | 9 | | 1.5 绿地率<br>1.6 地下空间利用<br>1.7 场地综合安全规划<br>1.8 场地主导风环境<br>1.9 项目与场地关系<br>1.10 绿色雨水基础设施<br>1.11 公共交通连接<br>1.12 停车场布局<br>1.13 共享设施 | 25分 |
| 2. 能源<br>与资源 | 控制项 | 3 | 25% | 2.1 设备节能要求<br>2.2 中长期能源及水资源综合利用专项规划<br>2.3 建筑材料 | 0分 |
| | 评分项 | 15 | | 2.4 生均能耗<br>2.5 建筑节能<br>2.6 可再生能源<br>2.7 余热废热<br>2.8 系统能效优化<br>2.9 管网漏损<br>2.10 生均用水量<br>2.11 绿化用水<br>2.12 分项计量水表<br>2.13 雨水收集<br>2.14 再生水<br>2.15 建筑形体<br>2.16 建筑节材<br>2.17 建筑材料<br>2.18 装配式建筑 | 25分 |

| 一级指标体系 | 项目 | 指标数量 | 权重 | 二级指标体系 | 加权得分 |
|---|---|---|---|---|---|
| 3. 环境与健康 | 控制项 | 4 | 20% | 3.1 环境噪声<br>3.2 室内噪声环境<br>3.3 室内空气污染物<br>3.4 实验室空气监控 | 0分 |
| | 评分项 | 11 | | 3.5 主要功能房间噪声<br>3.6 主要功能房间采光系数<br>3.7 室内湿热环境<br>3.8 教学用房混响时间<br>3.9 教学用房室内空气质量<br>3.10 地表水质量<br>3.11 热岛强度<br>3.12 绿化植被<br>3.13 医疗设施<br>3.14 学生健康监测<br>3.15 主要功能房间PM2.5 | 20分 |
| 4. 运行与管理 | 控制项 | 4 | 15% | 4.1 绿色校园管理组织机构<br>4.2 设备<br>4.3 废弃物处理<br>4.4 污染物控制 | 0分 |
| | 评分项 | 12 | | 4.5 绿色校园运行管理培训<br>4.6 师生参与<br>4.7 激励机制<br>4.8 节能管理制度<br>4.9 预警机制<br>4.10 运行管理评估<br>4.11 能耗监测<br>4.12 智能化系统<br>4.13 信息化管理<br>4.14 无公害防治<br>4.15 垃圾收集站点<br>4.16 废弃物控制 | 15分 |
| 5. 教育与推广 | 控制项 | 2 | 15% | 5.1 工作计划<br>5.2 落实机制 | 0分 |
| | 评分项 | 11 | | 5.3 教育推广的中长期总体规划<br>5.4 信息公开与宣传<br>5.5 会议、讲座与活动<br>5.6 推广奖励经费<br>5.7 绿色教育能力<br>5.8 可持续发展教育课程<br>5.9 科研<br>5.10 竞赛活动<br>5.11 奖励与表彰<br>5.12 社团与活动<br>5.13 社区推广 | 15分 |
| 6. 特色与创新 | 加分项 | 10 | | 6.1 性能提高<br>6.2 创新<br>…… | 最大10分 |

# 参考文献

［1］WORLD METEOROLOGICAL ORGANIZATION. WMO Greenhouse Gas Bulletin [R]. Geneva: WMO, 2019, 15:3-4.

［2］WORLD METEOROLOGICAL ORGANIZATION. The Global Climate in 2015-2019 [R]. Geneva: WMO, 2019:1-2.

［3］联合国. 巴黎协定［C/OL］.（2015-12-12）[2021-01-01]. https://undocs.org/en/FCCC/CP/2015/L.9/Rev.1.

［4］中华人民共和国国民经济和社会发展第十四个五年规划和2035年远景目标纲要［EB/OL］. 新华社.（2021-03-13）[2021-08-01]. http://www.gov.cn/xinwen/2021-03/13/content_5592681.htm.

［5］国家统计局. 城镇化水平不断提升 城市发展阔步前进——新中国成立70周年经济社会发展成就系列报告之十七［EB/OL］. 国家统计局（2019-08-15）[2021-08-01]. http://www.stats.gov.cn/tjsj/zxfb/201908/t20190815_1691416.html.

［6］仇保兴. 中国城镇化下半场的挑战与对策［J］. 财经界，2018（31）：26-31.

［7］汪光焘. 现代城市规划理论探讨——供给侧结构性改革与新型城镇化［J］. 城市规划学刊，2017，235（3）：15-24.

［8］李志刚，陈宏胜. 城镇化的社会效应及城镇化中后期的规划应对［J］. 城市规划，2019，43（9）：31-36.

［9］国家统计局. 中国统计年鉴2020［EB/OL］. 国家统计局，2010-01-01，[2021-08-01]. http://www.stats.gov.cn/tjsj/ndsj/2020/indexch.htm.

［10］陈明星，叶超，周义. 城市化速度曲线及其政策启示——对诺瑟姆曲线的讨论与发展［J］. 地理研究，2011（8）：1499-1507.

［11］杨东峰，毛其智. 城市化与可持续性：如何实现共赢［J］. 城市规划，2011（3）：29-34.

［12］白春礼. 牢固树立创新、协调、绿色、开放、共享的发展理念——坚持创新发展［J］. 求是，2015（23）：26-27.

［13］习近平. 决胜全面建成小康社会夺取新时代中国特色社会主义伟大胜利——在中国共产党第十九次全国代表大会上的报告［EB/OL］. 新华社，（2017-10-27）[2021-08-01]. http://www.gov.cn/zhuanti/2017/10/27/content_5234876.html.

［14］中华人民共和国教育部. 2020年全国教育事业发展统计公报［EB/OL］. 北京：教育部，（2021-03-01）[2020-08-01]. http://www.moe.gov.cn/jyb_xwfb/gzdt_gzdt/s5987/202103/t20210301_516062.html.

［15］谭洪卫. 高校节约型校园向绿色校园纵深发展的探索和思考［C］. 第九届国际绿色建筑与建筑节能大会论文集. 北京：中国城市科学研究会，2013：1-10.

［16］杜海龙. 国际比较视野中我国绿色生态城区评价体系优化研究［D］. 济南：山东建筑大

学，2020.

［17］中国城市科学研究会绿色建筑与节能专业委员会. 绿色校园评价标准：CSUS/GBC 04—2013［S］. 北京：中国城市科学研究会绿色建筑与节能专业委员会，2013.

［18］中国城市科学研究会. 绿色校园评价标准：GB/T 51356—2019［S］. 北京：住房和城乡建设部，2019.

［19］INTERNATIONAL INSTITUDE FOR SUSTAINABLE DEVELOPMENT. Sustainable development [EB/OL], Canada:iisd, (2020-07-15) [2020-08-01]. https://www.iisd.org/about-iisd/sustainable-development.

［20］ROORDA N. Assessment Instrument for Sustainability in Higher Education [EB/OL], Sprang-Capelle: Niko Roorda, (2012-01-01) [2020-08-01]. https://niko.roorda.nu/management-methods/aishe/.

［21］HOKKAIDO UNIVERSITY SUSTAINABLE CAMPUS MANAGEMENT OFFICE. What is a Sustainable Campus? [EB/OL], Hokkaido:SCMO, (2010-01-01) [2020-08-01]. https://www.osc.hokudai.ac.jp/en/what-sc.

［22］OFFICE UI GREENMETRIC. UI GreenMetric World University Rankings: Background of The Ranking [EB/OL], Indonesia: UI GreenMetric, (2021-01-01) [2021-08-01]. http://greenmetric.ui.ac.id/about/welcome.

［23］ASSOCIATION FOR THE ADVANCEMENT OF SUSTAINABILITY IN HIGHER EDUCATION. The Sustainability Tracking, Assessment & Rating System Technical Manual [EB/OL], Philadelphia: AASHE, (2019-06-01) [2021-08-01]. https://stars.aashe.org/resources-support/technical-manual/.

［24］UN ENVIRONMENT PROGRAMME. Greening Universities Toolkit V2.0 [EB/OL], Geneva: UNEP, (2014-01-01) [2021-08-01]. https://www.unenvironment.org/resources/toolkits-manuals-and-guides/greening-universities-toolkit-v20.

［25］中华人民共和国国家发展和改革委员会环资司. 教育部：发挥教育引领优势厚植学校绿色底蕴［EB/OL］，中华人民共和国国家发展和改革委员会，（2020-06-27）［2020-08-01］. https://www.ndrc.gov.cn/xwdt/ztzl/qgjnxcz/bmjncx/ 202006/t20200626_1232117.html.

［26］邱均平，文庭孝. 评价学［M］. 北京：科学出版社，2010：3-10.

［27］朱小雷. 建成环境主观评价方法研究［M］. 南京：东南大学出版社，2005：5.

［28］苏为华. 多指标综合评价理论与方法问题研究［D］. 厦门：厦门大学，2000.

［29］叶义成，柯丽华，黄德育. 系统综合评价技术及其应用［M］. 北京：冶金工业出版社，2006：6-10.

［30］学习时报评论员. 谈谈坚持问题导向目标导向结果导向［N］. 学习时报，2019-12-25.

［31］朱厚敏. 正确认识处理问题导向与目标导向的辩证统一关系——深入学习习近平治国理政方法论［J］. 理论与当代，2021（1）：34-37.

［32］李抒望. 坚持问题导向和目标导向相统一 新时代改革发展的鲜明特征［J］. 海峡通讯，2020（5）：32-33.

［33］中共中央政治局. 京津冀协同发展规划纲要［EB/OL］. 北京市昌平区人民政府，（2018-04-13）［2021-08-01］. http://www.bjchp.gov.cn/cpqzf/315734/tzgg27/1277896/index.html.

［34］中共河北省委河北省人民政府. 河北雄安新区规划纲要［EB/OL］.（2018-04-21）

［2021-08-01］. http://www.xiongan.gov.cn/2018-04/22/c_129856094.htm.

［35］郑景云，卞娟娟，葛全胜，等. 1981～2010年中国气候区划［J］. 科学通报，2013，58（30）：3088-3099.

［36］Higher Education Sustainability Initiative [EB/OL]. HESI, (2012-06-18) [2021-08-01]. https://sustainabledevelopment.un.org/sdinaction/hesi.

［37］陆敏艳，陈淑琴. 中国高校绿色校园建设历程及发展特征［J］. 世界环境，2017（4）：36-43.

［38］谭洪卫. 我国绿色校园的发展与思考［J］. 世界环境，2016（5）：30-34.

［39］刘洪波，周霞，刘云峰. 我国绿色大学建设研究综述［J］. 天津科技，2017（12）：96-98.

［40］WRIGHT T. University presidents' conceptualizations of sustainability in higher education [J]. International Journal of Sustainability in Higher Education, 2010, 11 (1): 61-73.

［41］KARATZOGLOU B. An in-depth literature review of the evolving roles and contributions of universities to Education for Sustainable Development [J]. Journal of Cleaner Production, 2013, 49 (6): 44-53.

［42］FILHO W L, SHIEL C, PACO A D. Integrative approaches to environmental sustainability at universities: an overview of challenges and priorities [J]. Journal of Integrative Environmental Sciences, 2015, 12 (1): 1-14.

［43］BESSANT S E F, ROBINSON Z P, ORMEROD R M. Neoliberalism, new public management and the sustainable development agenda of higher education: history, contradictions and synergies [J]. Environmental Education Research, 2015, 21 (3): 417-432.

［44］KOSCIELNIAK C. A consideration of the changing focus on the sustainable development in higher education in Poland [J]. Journal of Cleaner Production, 2014, 62 (1): 114-119.

［45］BEYNAGHI A, MOZTARZADEH F, MAKNOON R, et al. Towards an orientation of higher education in the post Rio+20 process: How is the game changing? [J]. Futures, 2014, 63 (11): 49-67.

［46］FIGUEREDO F R, TSARENKO Y. Is "being green" a determinant of participation in university sustainability initiatives? [J]. International Journal of Sustainability in Higher Education, 2013, 14 (3): 242-253.

［47］ALBAREDA-TIANA S, VIDAL-RAMÉNTOL S, FERNÁNDEZ-MORILLA M. Implementing the sustainable development goals at University level [J]. International Journal of Sustainability in Higher Education, 2018. 2017-0069.

［48］TURNER P V. Campus: An American Planning Tradition [M]. Cambridge: The MIT Press, 1984: 15-20.

［49］DOBER R. Campus planning, Society for College and University Planning (SCUP) [M]. NewYork: John Wiley and Sons, INC, 1963: 25-29.

［50］DOBER R. Campus Design, Society for College and University Planning (SCUP) [M]. NewYork: John Wiley and Sons, INC, 1992: 29-49.

［51］DOBER R. Campus Landscapes: Functions, Forms, Features [M]. NewYork: John Wiley and Sons, INC, 2000: 10-29.

［52］COMM C L, MATHAISEL D F X. An exploratory study of best lean sustainability practices in higher education [J]. Quality Assurance in Education, 2005, 13(3): 227-240.

［53］LUCAS VEIGA A, WALTER L, LUCIANA B, et al. Barriers to innovation and sustainability at universities around the world [J]. Journal of Cleaner Production, 2017, 164 (23): 1268-1278.

［54］FINLAY J, MASSEY J. Eco-Campus: The Application of the Eco-City Model to the Development of Green University and College Campuses [J]. International Journal of Sustainability in Higher Education, 2012, 13 (2):150-165.

［55］FARIS ATAALLAH M, AHMAD BASHRI S, TURKI HASAN A, et al. Sustaining Campuses through Physical Character-The Role of Landscape [J]. Procedia-Social and Behavioral Sciences, 2014, 140: 282-290.

［56］LAURI L, TARAH W, KATE S. Canadian STARS-Rated Campus Sustainability Plans: Priorities, Plan Creation and Design [J]. Sustainability, 2015, 7(1): 725-746.

［57］MARINHO M, GONCALVES M D S, KIPERSTOK A. Water conservation as a tool to support sustainable practices in a Brazilian public university [J]. Journal of Cleaner Production, 2014, 62 (1): 98-106.

［58］PACHECO-BLANCO B, JOSE BASTANTE-CECA M. Green public procurement as an initiative for sustainable consumption. An exploratory study of Spanish public universities [J]. Journal of Cleaner Production, 2016, 133 (10): 648-656.

［59］KESKIN F, YENILMEZ F, ÇOLAK M, et al. Analysis of traffic incidents in METU campus [J]. Procedia-Social and Behavioral Sciences, 2011, 19 (19): 61-70.

［60］HASHIM R, HARON S, MOHAMAD S, et al. Assessment of Campus Bus Service Efficacy: An Application towards Green Environment [J]. Procedia-Social and Behavioral Sciences, 2013, 105 (1): 294-303.

［61］EMEAKAROHA A, ANG C S, YAN Y, et al. A persuasive feedback support system for energy conservation and carbon emission reduction in campus residential buildings [J]. Energy & Buildings, 2014, 82: 719-732.

［62］YOSHIDA Y, SHIMODA Y, OHASHI T. Strategies for a sustainable campus in Osaka University [J]. Energy & Buildings, 2017: 147.

［63］CAIRO A. Student Engagement in Campus Sustainability. [J]. Facilities Manager, 2011, 27: 28-31.

［64］FIKSEL J, LIVINGSTON R, J MARTIN. Sustainability at The Ohio State University: beyond the physical campus [J]. Journal of Environmental Studies & Science, 2013, 3(1): 74-82.

［65］RUSSO A P, BERG L V D, LAVANGA M. Towards a sustainable relationship between city and university: A stakeholdership approach [J]. Journal of Planning Education & Research, 2007, 27 (2): 199-216.

［66］SAVELY S M, CARSON A I, DE LCLOS G L. An environmental management system implementation model for U.S. colleges and universities [J]. Journal of Cleaner Production, 2007, 15(7): 660-670.

［67］RYMARZAK M, DEN HEIJER A, MAGDANIEL F, et al. Identifying the influence of university governance on campus management: lessons from the Netherlands and Poland [J].

Studies in Higher Education, 2019 (6): 12-15.

[ 68 ] DEN HEIJER A, Managing the university campus [EB/OL]. (2016-12-19) [2021-08-01]. https://managingtheuniversitycampus.nl/.

[ 69 ] DE JONGE H, ARKESTEIJN M H, et al. Corporate Real Estate Management, Designing a Real Estate Strategy [M]. Delft: Delft University of Technology, 2009: 15-25.

[ 70 ] DEN HEIJER A, VRIES J C D, DE JONGE H. Developing knowledge cities: aligning urban, corporate and university strategies [J]. Urban Planning International, 2011, 6 (140): S-106-S-106.

[ 71 ] DEN HEIJER A. Managing the University Campus: Information to support real estate decisions [M]. Delft: Eburon Academic Publishers, 2011:12-35.

[ 72 ] ALGHAMDI N, DEN HEIJER A, DE JONGE H. Assessment tools' indicators for sustainability in universities: an analytical overview [J]. International Journal of Sustainability in Higher Education, 2017, 18 (1): 84-115.

[ 73 ] VALKS B, ARKESTEIJN M H, DEN HEIJER A, et al. Smart campus tools-adding value to the university campus by measuring space use real-time [J]. Journal of Corporate Real Estate, 2018, 20 (2): 103-116.

[ 74 ] ARKESTEIJN M. Corporate Real Estate alignment: a preference-based design and decision approach [D]. Delft: Delft University of Technology, 2019.

[ 75 ] SARI R F, ANDRIANTO I K. Implementation of biological diversity information system for sustainable environment in campus [C]. Humanitarian Technology Conference. Sendai: IEEE, 2013: 44-46.

[ 76 ] GRINDSTED T S. Sustainable Universities: from declarations on sustainability in higher education to national law [J]. Social Science Electronic Publishing, 2017, 2 (2): 29-36.

[ 77 ] MENDOZA J, GALLEGO-SCHMID A, AZAPAGIC A. A methodological framework for implementation of circular economy thinking in higher education institutions: Towards sustainable campus management [J]. Journal of Cleaner Production, 2019, 226 (Jul.20): 831-844.

[ 78 ] PUTRI N T, AMRINA E, NURNAENI S. Students' Perceptions of the Implementation of Sustainable Campus Development Based on Landscape Concepts at Andalas University [J]. Procedia Manufacturing, 2020, 43: 255-262.

[ 79 ] LEAL FILHO W, SHIEL C, PACO A, et al. Sustainable Development Goals and sustainability teaching at universities: Falling behind or getting ahead of the pack? [J]. Journal of Cleaner Production, 2019, 232 (20): 285-294.

[ 80 ] HOLM T, SAMMALISTO K, GRINDSTED T S, et al. Process framework for identifying sustainability aspects in university curricula and integrating education for sustainable development [J]. Journal of Cleaner Production, 2015, 106 (11): 164-174.

[ 81 ] THOMAS I, DAY T. Sustainability capabilities, graduate capabilities, and Australian universities [J]. International journal of sustainability in higher education, 2014, 15 (2): 208-227.

[ 82 ] HAJRASOULIHA A. Campus score: Measuring university campus qualities [J]. Landscape and

Urban Planning, 2017, 158: 166-176.

[ 83 ] JAMES M, CARD K. Factors contributing to institutions achieving environmental sustainability [J]. International Journal of Sustainability in Higher Education, 2012, 13 (2): 166-176.

[ 84 ] SHRIBERG M. Institutional assessment tools for sustainability in higher education: Strengths, weaknesses, and implications for practice and theory [J]. Higher Education Policy, 2002, 15 (3): 153-167.

[ 85 ] SAADATIAN O, DOLA K B, SALLEH I B, et al. Identifying strength and weakness of sustainable higher educational assessment approaches [J]. International Journal of Business and Social Science, 2011, 2 (3): 137-146.

[ 86 ] ABU SAYED MD K, MARGRET A. Benchmarking tools for assessing and tracking sustainability in higher educational institutions: Identifying an effective tool for the University of Saskatchewan [J]. International Journal of Sustainability in Higher Education, 2013, 14, 449-465.

[ 87 ] LAUDER A, SARI R F, SUWARTHA N, et al. Critical review of a global campus sustainability ranking: GreenMetric [J]. Journal of Cleaner Production, 2015, 108: 852-863.

[ 88 ] FISCHER D, JENSSEN S, TAPPESER V. Getting an empirical hold of the sustainable university: a comparative analysis of evaluation frameworks across 12 contemporary sustainability assessment tools [J]. Assessment & Evaluation in Higher Education, 2015, 40 (6): 785-800.

[ 89 ] AMARAL L P, MARTINS N, GOUVEIA J B. Quest for a sustainable university: a review [J]. International Journal of Sustainability in Higher Education, 2015, 16 (2): 155-172.

[ 90 ] BULLOCK G, WILDER N. The comprehensiveness of competing higher education sustainability assessments [J]. International Journal of Sustainability in Higher Education, 2016, 17: 282-304.

[ 91 ] ALBA-HIDALGO D, BENAYAS DEL ÁLAMO J, GUTIÉRREZ-PÉREZ J. Towards a Definition of Environmental Sustainability Evaluation in Higher Education [J]. Higher Education Policy, 2018, 31: 447-470.

[ 92 ] FINDLER F, N SCHÖNHERR, LOZANO R, et al. Assessing the Impacts of Higher Education Institutions on Sustainable Development—An Analysis of Tools and Indicators [J]. Sustainability, 2018, 11 (1): 59.

[ 93 ] YARIME M, TANAKA Y. The Issues and Methodologies in Sustainability Assessment Tools for Higher Education Institutions: A Review of Recent Trends and Future Challenges [J]. Journal of Education for Sustainable Development, 2012, 6 (1): 63-77.

[ 94 ] BERZOSA A, BERNALDO M.O, FERNÁNDEZ-SANCHEZ G. Sustainability assessment tools for higher education: An empirical comparative analysis [J]. Journal of Cleaner Production, 2017, 161: 812-820.

[ 95 ] DE FILIPPO D, SANDOVAL-HAMÓN L A, CASANI F, et al. Spanish Universities' Sustainability Performance and Sustainability-Related R&D+I [J]. Sustainability, 2019, 11: 5570.

[ 96 ] LOZANO R. A tool for a Graphical Assessment of Sustainability in Universities (GASU) [J].

Journal of Cleaner Production, 2006, 14: 963-972.

［97］SHI H, LAI E. An alternative university sustainability rating framework with a structured criteria tree [J]. Journal of Cleaner Production. 2013, 61: 59-69.

［98］SONETTI G, LOMBARDI P, CHELLERI L. True Green and Sustainable University Campuses? Toward a Clusters Approach [J]. Sustainability 2016, 8:83.

［99］GÓMEZ F U, SÁEZ-NAVARRETE C, LIOI S R, et al. Adaptable model for assessing sustainability in higher education [J]. Journal of Cleaner Production, 2015, 107, 475-485.

［100］LARRÁN JORGE M, HERRERA MADUEÑO J, CALZADO Y, et al. A proposal for measuring sustainability in universities: A case study of Spain [J]. International Journal of Sustainability in Higher Education, 2016, 17 (5): 671-697.

［101］CRONEMBERGER DE ARAÚJO GÓES H, MAGRINI A. Higher Education Institution Sustainability Assessment Tools: Considerations on Their Use in Brazil [J]. International Journal of Sustainability in Higher Education, 2016, 17: 322-341.

［102］SEPASI S, RAHDARI A, REXHEPI G. Developing a sustainability reporting assessment tool for higher education institutions: The University of California [J]. Sustainable Development, 2018, 26: 672-682.

［103］PARVEZ N, AGRAWAL A. Assessment of sustainable development in technical higher education institutes of India [J]. Journal of Cleaner Production, 2019, 214: 975-994.

［104］FONSECA A, MACDONALD A, DANDY E, et al.The state of sustainability reporting at Canadian universities [J]. International Journal of Sustainability in Higher Education, 2011, 12 (1): 67-78.

［105］KAPITULčINOVá D, ATKISSON A, PERDUE J, et al. Towards integrated sustainability in higher education-Mapping the use of the Accelerator toolset in all dimensions of university practice [J]. Journal of Cleaner Production, 2018, 172: 4367-4382.

［106］LOPATTA K, JAESCHKE R. Sustainability reporting at German and Austrian universities [J]. International Journal of Education Economics & Development, 2014, 5 (1): 66-90.

［107］GAMAGE P, SCIULLI N. Sustainability reporting by Australian universities [J]. Australian Journal of Public Administration, 2017, 76: 187-203.

［108］DRAHEIN A D, DE LIMA E P, DA COSTA S E G. Sustainability assessment of the service operations at seven higher education institutions in Brazil [J]. Journal of Cleaner Production, 2019, 212: 527-536.

［109］屈利娟，王立民，陈伟. 节约型校园能耗监管平台示范校建设调查研究——基于全国52所监管平台示范建设高校［J］. 高校后勤研究，2015（5）：94-99.

［110］谭洪卫，徐钰琳，胡承益，等. 全球气候变化应对与中国高校校园建筑节能监管［J］. 建筑热能通风空调，2010，29（1）：36-40.

［111］TAN H W, CHEN S, SHI Q, et al. Development of green campus in China [J]. Journal of Cleaner Production, 2014, 64: 646-653.

［112］栾彩霞，祝真旭，陈淑琴，等. 中国高等院校绿色校园建设现状及问题探讨［J］. 环境与可持续发展，2014，39（6）：71-74.

［113］陈淑琴，朱晟炜，谭洪卫，等. 中国高校校园建筑节能管理现状及问题研究［J］. 建

设科技，2015（12）：34-38.

[114] 陆敏艳，陈淑琴. 中国高校绿色校园建设历程及发展特征 [J]. 世界环境，2017，167（04）：38-45.

[115] 殷帅，郭广翠，刘菁，等. 中国高校能源效率测度及区域差异研究 [J]. 建筑节能，2018，46（12）：136-142.

[116] 谭洪卫. 我国绿色校园的发展与思考 [J]. 世界环境，2016（5）：30-34.

[117] 黄锴强，徐水太. 中国绿色校园发展方向研究 [J]. 建设科技，2019（15）：66-69，75.

[118] 赵玉玲，杨洁，孙彤宇，等. 绿色校园国际学术前沿动态研究 [J]. 住宅科技，2019，39（6）：40-48.

[119] 管振忠，王崇杰，薛一冰，等. 绿色校园评价机制与实施方案构建初探 [J]. 建设科技，2019（8）：24-28.

[120] 吴正旺，王伯伟. 大学校园城市化的生态思考 [J]. 建筑学报，2004（2）：42-44.

[121] 张津奕，张建. 新型大学校园空间形态规划研究 [J]. 城市规划，2009，33（S1）：62-65.

[122] 谭洪卫. 首批"节约型校园建设"示范高校——同济大学节约型校园建设示范 [J]. 建设科技，2009（10）：20-23.

[123] 冒亚龙，何镜堂. 映射气候的大学校园规划 [J]. 城市发展研究，2010，17（4）：39-47.

[124] 王崇杰，薛一冰，等. 绿色大学校园 [M]. 北京：中国建筑工业出版社，2012：10-17.

[125] 刘伊生，陈峰，郑广天. 建设绿色大学，促进低碳发展——北京交通大学节约型校园建设模式 [M]. 北京：北京交通大学出版社，2012：1-15.

[126] 刘东志，程万里，高峰，等. 绿色校园建设之道——天津大学北洋园校区绿色设计及建设纪实 [M]. 天津：天津大学出版社. 2017：10-15.

[127] 张宏伟，张雪花. 绿色大学建设理论与实践 [M]. 天津：天津大学出版社，2011：20-25.

[128] 黄献明，李涛. 美国大学校园的可持续规划与设计 [M]. 北京：中国建筑工业出版社，2017：10-17.

[129] CYCAN 青年应对气候变化行动网络. 全球低碳校园案例选编 [EB/OL]. 全球环境基金，（2021-03-01）[2021-08-01]. http://gefsgp.cn/detail.php?id=418&fid=22&cid=22.

[130] 海佳. 基于共生思想的可持续校园规划策略研究 [D]. 广州：华南理工大学，2011.

[131] 寿劲秋. 基于学生行为的大学校园集约化规划策略研究 [D]. 广州：华南理工大学，2014.

[132] 黄翼. 广州地区高校校园规划使用后评价及设计要素研究 [D]. 广州：华南理工大学，2014.

[133] 卢倚天. 基于规划文件分析的当代美国大学校园动态更新规划设计方法初探 [D]. 广州：华南理工大学，2016.

[134] 张宇，陈子光. 中国严寒地区高校绿色校园建设策略研究 [J]. 城市建筑，2015（19）：119-121.

[135] 靳维, 张强. 被动式策略导向下的寒地绿色校园适寒设计研究 [J]. 中外建筑, 2017 (3): 79-80.

[136] 郭卫宏, 刘骁. 绿色大学校园规划设计策略与实践研究 [J]. 建筑节能, 2016, 44 (01): 70-80.

[137] 刘骁, 包莹. 湿热地区绿色大学校园整体设计实践研究——以中国资本市场学院和香港中文大学 (深圳) 为例 [J]. 南方建筑, 2019 (5): 60-67, 125.

[138] 陈瑾羲. 大学校园北京城 [M]. 北京: 清华大学出版社, 2014: 10-25.

[139] 涂嘉欢, 张弛. 绿色校园理念下的设计实践与探讨——北京理工大学良乡校区规划改造设计 [J]. 城市住宅, 2018, 25 (12): 88-91.

[140] 张思思, 宋波, 朱晓姣, 等. 绿色校园节能改造实测效果分析——以北京林业大学为例 [J]. 暖通空调, 2018, 48 (10): 8-12.

[141] 高峰, 周海珠, 王雯翡, 等. 北方地区绿色校园设计策略研究——以天津大学新校区为例 [J]. 天津大学学报 (社会科学版), 2015, 17 (5): 412-417.

[142] 尚宇光, 张俊, 张红蕊. 全生命周期绿色校园建设模式的实践与思考——以天津大学北洋园校区为例 [J]. 建设科技, 2019 (8): 39-44.

[143] 魏巍. 国家示范性绿色校园建设策略研究——以天津大学北洋园校区为例 [J]. 建设科技, 2017 (12): 25-29.

[144] 席素亭. 新时代高校生态校园规划的实践研究——以河北工程大学新校区校园规划为例 [J]. 河北工程大学学报 (社会科学版), 2018, 35 (2): 32-35.

[145] 高传龙, 韩宝睿, 杨熙宇, 等. 校园安全视角下的高校交通规划设计研究——以南京林业大学为例 [J]. 交通与运输 (学术版), 2016 (2): 182-186.

[146] 章许灏, 钟石泉. 绿色交通理念下的大学校园交通规划研究——以天津大学北洋园校区为例 [J]. 上海城市规划, 2018 (2): 129-134.

[147] 曹玮, 胡立辉, 王晓春. 可持续场地评估体系在美国大学校园景观中的应用与启示 [J]. 中国园林, 2017, 33 (11): 64-69.

[148] 胡楠, 王宇泓, 李雄. 绿色校园视角下的校园绿地建设——以北京林业大学为例 [J]. 风景园林, 2018, 25 (3): 25-31.

[149] 胡颖. 绿色校园雨水综合利用的实践 [J]. 节水灌溉, 2015 (11): 101-103.

[150] 徐安琪, 李宇航, 刘广征. 基于"海绵城市"理念的绿色校园设计 [J]. 城市地理, 2016 (004): 179.

[151] 霍艳虹, 杨冬冬, 曹磊. 基于LID理念的校园水系景观规划探讨——以华北理工大学新校区为例 [J]. 建筑节能, 2017, 45 (1): 102-106.

[152] 赵景伟, 彭建, 彭芳乐. 论高校校园地下空间的综合利用——一种可持续的校园空间发展模式 [J]. 国际城市规划, 2016, 31 (6): 104-111.

[153] 刘丛红, 程兰, 李长虹. 天津大学既有办公建筑绿色化改造实践 [J]. 建设科技, 2013 (13): 44-46.

[154] 夏晓东, 山如黛, 石铁矛. 严寒地区超低能耗绿色建筑设计与实践——沈阳建筑大学中德节能示范中心项目 [J]. 建设科技, 2015 (15): 74-77.

[155] 宋晔皓, 孙菁芬, 解丹, 等. 清华大学南区学生食堂——可持续背景下的校园建筑设计实践 [J]. 建筑技艺, 2016 (11): 32-41.

[156] 杨丹丹. 高校既有建筑节能改造技术决策分析——以江南大学教学楼改造项目为例 [J]. 建筑经济, 2019, 40（6）: 105-108.

[157] 仝丁丁. 校园建筑能耗基准线及合同能源管理模式研究 [D]. 天津: 天津大学, 2014.

[158] 朱能, 朱天利, 仝丁丁, 等. 寒冷地区校园度日数法建筑能耗基准线的确定方法 [J]. 重庆大学学报, 2016（1）: 105-112.

[159] 郭卫宏, 刘骁. 夏热冬暖地区高校既有建筑绿色改造设计策略研究 [J]. 建筑节能, 2016, 44（6）: 104-118, 124.

[160] 黄骏, 林燕, 王世晓. 澳门气候区校园绿色建筑技术集成方法及其应用 [J]. 华南理工大学学报（自然科学版）, 2016, 44（7）: 123-129, 146.

[161] 黄锴强, 徐水太, 薛飞, 等. 绿色校园背景下高校学生宿舍太阳能新风系统绿色化改造研究 [J]. 建设科技, 2019（15）: 23-26.

[162] 周怀宇, 刘海龙. 绿色屋顶雨水技术研究与清华校园案例分析 [J]. 建设科技, 2019（Z1）: 69-74.

[163] 屈利娟. 绿色大学校园能效管理研究与实践 [M]. 浙江: 浙江大学出版社, 2018: 13-25.

[164] 徐斌, 蒋平, 罗立新, 等. 个人行为对校园能耗和节能减排的影响分析——复旦大学案例分析 [J]. 复旦学报（自然科学版）, 2011, 50（5）: 583-591.

[165] 田慧峰, 林杰. 绿色校园的能源与资源利用专项规划——要点及实践 [J]. 住区, 2017, S1: 6-10.

[166] 高力强. 寒冷地区校园综合体的低能耗模块化设计研究 [D]. 天津: 天津大学, 2019.

[167] 刘少瑜, 苟中华, 孙小暖. 绿色校园的运行管理——同济大学与香港大学校园建筑物能耗比较分析 [J]. 中国能源, 2013, 35（11）: 34-37.

[168] 邬国强, 景慧, 汪旸. 高等学校绿色校园建设的策略研究 [J]. 国家教育行政学院学报, 2017（6）: 27-32.

[169] 殷帅, 吴霞春, 武朋. 我国建筑节能领域绿色金融发展展望 [J]. 建设科技, 2018（6）: 15-17.

[170] 齐岳, 汪小婷, 张喻姝. 引入绿色基金参与高校绿色校园建设的探索研究 [J]. 未来与发展, 2019, 43（4）: 67-73.

[171] 马骏, 邵丹青, 徐稼轩, 等. 绿色金融如何有效支持绿色建筑 [J]. 建设科技, 2020（20）: 23-26, 31.

[172] 黄锴强, 薛飞, 徐水太. 绿色校园背景下校园建筑节能化改造市场研究 [J]. 建设科技, 2020（13）: 15-17.

[173] 蒋东兴, 付小龙, 袁芳, 等. 大数据背景下的高校智慧校园建设探讨 [J]. 华东师范大学学报（自然科学版）, 2015（S1）: 129-135, 141.

[174] 王运武, 于长虹. 智慧校园——实现智慧教育的必由之路 [M]. 北京: 电子工业出版社, 2016: 58-61.

[175] 王强, 田备. 高校绿色建筑智慧运营管理探索与实践——以江南大学为例 [J]. 建设科技, 2019（14）: 47-52.

[176] 杜娅薇, 张守仁, 王碧玥, 等. 智慧绿色校园的研究进展及实践应用分析 [J]. 新建筑, 2021（2）: 47-53.

［177］傅利平，涂俊，何兰萍．绿色校园管理模式与运行机制研究［M］．北京：人民出版社，2015：15-35.

［178］秦书生，杨硕．绿色大学建设面临的障碍及其破除［J］．现代教育管理，2016，311（2）：46-51.

［179］向治中，李曦，瞿敬渤．绿色节约发展：中国高校新型校园建设与发展策略研究［M］．上海：上海交通大学出版社，2019：16-31.

［180］郭茹，田英汉．低碳导向的校园能源碳核算方法及应用［J］．同济大学学报（自然科学版），2015，43（9）：1361-1366.

［181］刘颂，毛家怡，沈洁．基于SWMM的场地绿色雨水基础设施水文效应评估——以同济大学校园为例［J］．风景园林，2017（1）：60-65.

［182］马之珺，米广宇，高瑞泽，等．基于AHP-综合指数法的高校校园景观舒适度评价——以中国农业大学（烟台）为例［J］．广西林业科学，2019，48（2）：257-262.

［183］杜娅薇，齐鹏，叶青．基于主成分分析法的高校校园步行环境评价［J］．西部人居环境学刊，2020，35（4）：97-103.

［184］吴志强，汪滋淞，王清勤，等．国家标准《绿色校园评价标准》编制情况介绍［J］．工程建设标准化，2016（9）：43-46.

［185］宋凌，李宏军，林波荣．适合中国国情的绿色校园评价体系研究与应用分析［J］．建筑科学，2010，26（12）：24-29，67.

［186］朱迪．基于中国案例比较的绿色校园评价标准优化研究［D］．广州：广州大学，2013.

［187］徐华，戴德慈，刘诗萌，等．绿色校园评价体系中的能效评价标准研究［J］．智能建筑电气技术，2018（4）：1-4.

［188］杨晶晶，申立银，周景阳，等．国内外绿色校园评价体系比较研究［J］．建筑经济，2016，37（2）：91-94.

［189］廖袖锋，刘猛，高小燕，等．国内外典型绿色校园评价标准环境条款对比分析［J］．土木建筑与环境工程，2016，38（S1）：204-208.

［190］周越，朱笔峰，葛坚．中美绿色校园评价标准适宜性比较与改善研究［J］．建筑学报，2016（S1）：150-154.

［191］DU YW, ARKESTEIJN M H, DEN HEIJER A C, et al. Sustainable Assessment Tools for Higher Education Institutions: Guidelines for Developing a Tool for China [J]. Sustainability, 2020, 12 (16): 6504.

［192］杨华峰．面向循环经济的绿色大学评价指标体系研究［J］．中国高教研究，2005（007）：12-14.

［193］陈文荣，张秋根．绿色大学评价指标体系研究［J］．浙江师范大学学报（社会科学版），2003，28（2）：89-92.

［194］冯婧，张宏伟，张雪花，等．高校绿色校园评价探索［J］．天津科技，2018，045（6）：35-40.

［195］李明洋，刘伊生，曹志成，等．基于AHP—模糊分析模型的绿色校园评价研究［J］．建筑节能，2018，46（11）：41-45.

［196］赵泰．基于OWA算子赋权法的绿色校园灰色关联评价研究［J］．建筑节能，2019，47（12）：174-177，182.

［197］SHUQIN C, MINYAN L, HONGWEI T, et al. Assessing sustainability on Chinese university campuses: Development of a campus sustainability evaluation system and its application with a case study [J]. Journal of Building Engineering, 2019, 24: 100747.

［198］LIN M H, HU J, TSENG M L, et al. Sustainable development in technological and vocational higher education: balanced scorecard measures with uncertainty [J]. Journal of Cleaner Production, 2016, 120 (1): 1-12.

［199］辛星. 基于主观感受的既有高校校园绿色规划设计研究［D］. 北京：北京交通大学，2019.

［200］GARCíA-GONZáLEZ A, RAMíREZ-MONTOYA M S. Systematic Mapping of Scientific Production on Open Innovation (2015-2018): Opportunities for Sustainable Training Environments [J]. Sustainability 2019, 11: 1781.

［201］KITCHENHAM B, PRETORIUS R, BUDGEN D, et al. Systematic literature reviews in software engineering-A tertiary study [J]. Information and Software Technology, 2010, 52 (8): 792-805.

［202］KROLL J, RICHARDSON I, PRIKLADNICKI R, et al. Empirical Evidence in Follow the Sun Software Development: A Systematic Mapping Study [J]. Information and Software Technology, 2018, 93: 30-44.

［203］中国教育报. 扎根中国大地 奋进强国征程——新中国70年高等教育改革发展历程［EB/OL］. 中华人民共和国教育部，2019-09-22，［2021-08-01］. http://www.moe.gov.cn/jyb_xwfb/s5147/201909/t20190924_400593.html.

［204］赵俊芳，刘玲. 我国高等教育70年盘点及未来发展建议［J］. 现代教育管理，2020（4）：1-9.

［205］毕宪顺，张峰. 改革开放以来中国高等教育的跨越式发展及其战略意义［J］. 教育研究，2014，35（11）：62-71.

［206］郑利霞. 我国高等教育布局结构及其逻辑研究［D］. 武汉：华中科技大学，2009.

［207］冯刚，吕博. 中西文化交融下的中国近代大学校园［M］. 北京：清华大学出版社，2016：15-37.

［208］陈晓恬，任磊. 中国大学校园形态［M］. 南京：东南大学出版社，2011：15-62.

［209］吴正旺，王伯伟. 大学校园规划100年［J］. 建筑学报，2005（3）：5-7.

［210］向科. 大学校园集约化发展适应性设计策略与方法［J］. 南方建筑，2009（2）：36-40.

［211］熊丙奇. "双一流"：中国建设世界一流大学2.0版［J］. 人民论坛，2016（21）：52-54.

［212］康宁，张其龙，苏慧斌. "985工程"转型与"双一流方案"诞生的历史逻辑［J］. 清华大学教育研究，2016，37（5）：11-19.

［213］财政部办公厅，中华人民共和国住房和城乡建设部办公厅. 关于组织2012年度公共建筑节能相关示范工作的通知，财办建［2012］28号［EB/OL］. 中华人民共和国住房和城乡建设部，（2012-03-22）［2021-08-01］. http://www.mohurd.gov.cn/wjfb/201204/t20120401_209374.html.

［214］宋洋，贾艳杰，张娜，等. 天津市高校教育用地空间布局模式与用地结构分析［J］. 天津师范大学学报（自然科学版），2017，37（2）：57-65.

［215］GARCíA-GONZáLEZ A, RAMíREZ-MONTOYA M S. Systematic Mapping of Scientific

Production on Open Innovation (2015-2018): Opportunities for Sustainable Training Environments [J]. Sustainability, 2019, 11:1781.

[216] LAUDER A, SARI R F, SUWARTHA N, et al. Critical review of a global campus sustainability ranking: GreenMetric [J]. Journal of Cleaner Production, 2015, 108, 852-863.

[217] SHI H, LAI E. An alternative university sustainability rating framework with a structured criteria tree [J]. Journal of Cleaner Production, 2013, 61, 59-69.

[218] CRONEMBERGER DE ARAúJO GóES H, MAGRINI A. Higher Education Institution Sustainability Assessment Tools: Considerations on Their Use in Brazil [J]. International Journal of Sustainability in Higher Education, 2016, 17, 322-341.

[219] OFFICE UI GREENMETRIC. UI GreenMetric World University Rankings: Guidelines [EB/OL]. Indonesia: UI GreenMetric, 2021-01-01, [2021-08-01]. http://greenmetric.ui.ac.id/what-is-greenmetric/.

[220] PEOPLE AND PLANET. How Sustainable Is Your University? [EB/OL]. Oxford: P&P, (2021-01-01) [2021-08-01]. https://peopleandplanet.org/university-league.

[221] ASSOCIATION OF UNIVERSITY LEADERS FOR A SUSTAINABLE FUTURE. Sustainability Assessment Questionnaire [EB/OL]. ULSF, 2015-01-01, [2021-08-01]. http://ulsf.org/sustainability-assessment-questionnaire/.

[222] URQUIZA F J. Adaptable Model to Assess Sustainability in Higher Education: Application to Five Chilean Institutions [D]. Chile: Pontificia Universidad CatÓlica De Chile, 2013.

[223] MADEIRA A C, CARRAVILLA M A, OLIVEIRA J F, et al. A methodology for sustainability evaluation and reporting in higher education institutions [J]. Higher Education Policy, 2011, 24: 459-479.

[224] TOGO M, LOTZ-SISITKA H. Unit-Based Sustainability Assessment Tool: A Resource Book to Complement the UNEP Mainstreaming Environment and Sustainability in African Universities Partnership [R]. Howick: Share Net, 2009: 1-42.

[225] CAEIRO S, LEAL FILHO W, JABBOUR C, et al. Sustainability Assessment Tools in Higher Education Institutions: Mapping Trends and Good Practices Around the World [M]. Cham: Springer, 2013: 259-288.

[226] VELAZQUEZ L, MUNGUIA N, PLATTA, et al. Sustainable university: What can be the matter? [J]. Journal of Cleaner Production, 2006, 14: 810-819.

[227] SISRIANY S, FATIMAH I S. Green Campus Study by using 10 UNEP's Green University Toolkit Criteria in IPB Dramaga Campus [C]. Proceedings of the IOP Conference Series: Earth and Environmental Science. Bogor: EES, 2017, 91: 012037.

[228] GLOBAL REPORTING INITIATIVE. GRI Standards [EB/OL]. GRI, 2021-01-01, [2021-08-01]. https://www.globalreporting.org/standards/download-the-standards/.

[229] LOZANO R. The state of sustainability reporting in universities [J]. International Journal of Sustainability in Higher Education, 2011, 12 (1): 67-78.

[230] COLE L. Assessing Sustainability on Canadian University Campuses: Development of a Campus Sustainability Assessment Framework [D]. Canada: Royal Roads University, 2003.

[231] ROBERTS ENVIRONMENTAL CENTER OF CLAREMONT MCKENNA COLLEGE. 2012

Sustainability Reporting of the Top, U.S. University. [EB/OL]. Claremont McKenna College, 2012-01-01, [2019-08-01]. www.roberts.cmc.edu.

［232］中华人民共和国环境生态部. 中华人民共和国节约能源法［EB/OL］. 2018-11-14, ［2021-08-01］. http://mee.gov.cn/ywgz/fgbz/fl/201811/t20181114_673623.shtml.

［233］全国人民代表大会常务委员会. 中华人民共和国建筑法［EB/OL］. 2019-05-07, ［2021-08-01］. http://www.npc.gov.cn/npc/c30834/201905/0b21ae7bd82343dead2c5cdb2b65ea4f.shtml.

［234］国家能源局. 中华人民共和国可再生能源法［EB/OL］. 2017-11-02, ［2021-08-01］. http://www.nea.gov.cn/2017-11/02/c_136722869.htm.

［235］叶青. 绿色建筑GPR-CN综合性能评价标准与方法——中荷绿色建筑评价体系整合研究［D］. 天津：天津大学，2015.

［236］王清勤，李国柱，孟冲，等. GB/T 50378—2019《绿色建筑评价标准》编制介绍［J］. 暖通空调，2019，49（8）：1-4.

［237］刘妍炯.《绿色建筑评价标准》GB/T 50378—2019与GB/T 50378—2014修订对比剖析［J］. 工程质量，2019，37（12）：1-6.

［238］吴志强，汪滋淞，干靓.《绿色校园评价标准》编制研究［J］. 建设科技，2012（6）：52-55.

［239］徐昆，郭珑珑，程志军. GB/T 50378—2019《绿色建筑评价标准》修订分析［J］. 绿色建筑，2020，12（3）：16-19.

［240］王清勤，叶凌.《绿色建筑评价标准》GB/T 50378—2019的编制概况、总则和基本规定［J］. 建设科技，2019（20）：31-34.

［241］郭夏清. 建设"以人为本"的高质量绿色建筑——浅析国家《绿色建筑评价标准》2019版的修订［J］. 建筑节能，2020，48（5）：128-132.

［242］吕石磊，曾捷.《绿色建筑评价标准》（2019版）修订概述和水专业要点［J］. 给水排水，2020，56（1）：81-86.

［243］周越，朱笔峰，葛坚. 中美绿色校园评价标准适宜性比较与改善研究［J］. 建筑学报，2016（S1）：150-154.

［244］吴志强，汪滋淞，王清勤，等. 国家标准《绿色校园评价标准》编制情况介绍［J］. 工程建设标准化，2016（9）：43-46.

［245］ASSOCIATION FOR THE ADVANCEMENT OF SUSTAINABILITY IN HIGHER EDUCATION. STARS Technical Manual 2.2. [EB/OL]. Philadelphia: AASHE, 2019-06-01, [2019-08-01]. https://stars.aashe.org/resources-support/technical manual/.

［246］WAHEED B, KHAN F I, VEITCH B, et al. Uncertainty-based quantitative assessment of sustainability for higher education institutions [J]. Journal of Cleaner Production, 2011, 19 (6-7): 720-732.

［247］FADZIL Z F, HASHIM H S, CHE-ANI A I, et al. Developing a Campus Sustainability Assessment Framework for the National University of Malaysia [J]. World Academy of Science Engineering & Technology, 2012, (7): 70-72.

［248］中华人民共和国教育部. 国家中长期教育改革和发展规划纲要（2010—2020年）［EB/OL］. 国家中长期教育改革和发展规划纲要工作小组办公室，2010-07-29，［2019-08-

01］. http://www.moe.gov.cn/srcsite/A01/s7048/201007/t20100729_171904.html.

［249］蔡林. 系统动力学在可持续发展研究中的应用［M］. 北京：中国环境科学出版社，2008：5-15.

［250］摆万奇. 深圳市土地利用动态趋势分析［J］. 自然资源学报，2000，26（2）：112-116.

［251］何春阳，史培军，陈晋，等. 基于系统动力学模型和元胞自动机模型的土地利用情景模型研究［J］. 中国科学（D辑：地球科学），2005（5）：464-473.

［252］尚金城，张妍，刘仁志. 战略环境评价的系统动力学方法研究［J］. 东北师大学报：自然科学版，2001（1）：84-89.

［253］张卫民. 北京城市可持续发展综合评价研究［D］. 北京：北京工业大学，2002.

［254］欧阳晓. 基于共生理念的长株潭城市群城市用地扩张模拟及优化调控［D］. 长沙：湖南师范大学，2020.

［255］SAATY T L. The Analytic Hierarchy Process: Planning, Priority Setting [M].New York: McGraw-Hill: Resource Allocation, 1980:25-33.

［256］费智聪. 熵权—层次分析法与灰色—层次分析法研究［D］. 天津：天津大学，2009.

［257］章穗，张梅，迟国泰. 基于熵权法的科学技术评价模型及其实证研究［J］. 管理学报，2010，7（1）：34-42.

［258］李帅，魏虹，倪细炉，等. 基于层次分析法和熵权法的宁夏城市人居环境质量评价［J］. 应用生态学报，2014，25（9）：2700-2708.

［259］谢飞，顾继光，林彰文. 基于主成分分析和熵权的水库生态系统健康评价——以海南省万宁水库为例［J］. 应用生态学报，2014，25（6）：1773-1779.

［260］蔡洁，李世平. 基于熵权可拓模型的高标准基本农田建设项目社会效应评价［J］. 中国土地科学，2014，28（10）：40-47.

［261］张欣莹，解建仓，刘建林，等. 基于熵权法的节水型社会建设区域类型分析［J］. 自然资源学报，2017，32（2）：301-309.

［262］朱小雷. 建成环境主观评价方法研究［M］. 南京：东南大学出版社，2005：1-15.

［263］NIKHAT P, AVLOKITA A. Assessment of sustainable development in technical higher education institutes of India [J].Journal of Cleaner Production, 2019, 214, 975-994.

［264］GREENMETRIC. Overall Rankings 2020 [EB/OL]. 2020-06-01, [2021-01-01]. https://greenmetric.ui.ac.id/rankings/overall-rankings-2020.

［265］AASHE. STARS Participants & Reports [EB/OL]. 2020-06-01, [2021-01-01]. https://reports.aashe.org/institutions/participants-and-reports/.

［266］RAHOLA T. Integrated project delivery methods for energy renovation of social housing [D]. Delft: Delft University of Technology, 2015.

［267］TUDelft. Facade-leasing [EB/OL]. (2020-06-01) [2020-08-01]. https://www.tudelft.nl/en/architecture-and-the-built-environment/research/projects/green-building-innovation/facade-leasing/facade-leasing-pilot-project-at-tu-delft.

［268］DE JONGE H, ARKESTEIJN M H, et al. Corporate Real Estate Management, Designing a Real Estate Strategy [M]. Delft, Delft University of Technology, 2009.

［269］ARKESTEIJN M H , VALKS B, BINNEKAMP R, et al. Designing a preference-based accommodation strategy: a pilot study at Delft University of Technology [J]. Journal of

Corporate Real Estate, 1998, 17 (2): 98-121.

［270］天津市发展和改革委员会资环处. 《市发展改革委市住房城乡建设委市商务局市机关事务管理局市财政局关于开展能源费用托管型合同能源管理项目试点工作的通知》［EB/OL］. 天津市发展和改革委员会，（2021-02-20）［2021-08-01］. http://fzgg.tj.gov.cn/xxfb/tzggx/202102/t20210220_5361189.html.

［271］龙惟定，白玮. 能源管理与节能：建筑合同能源管理导论［M］. 北京：中国建筑工业出版社，2011：11-35.

［272］新华社. 七部委发布《关于构建绿色金融体系的指导意见》［EB/OL］. 中华人民共和国中央人民政府，（2016-09-01）［2021-08-01］. http://www.gov.cn/xinwen/2016-09-01/content_5104132.htm.

［273］梁俊强，殷帅. 绿色金融支持建筑绿色发展的现状及思路研究［J］. 建设科技，2019（12）：8-11.

［274］BROWN N, BULL R, et al. Novel Instrumentation for Monitoring After-hours Electricity Consumption of Electrical Equipment, and Some Potential Savings from a Switch-off Campaign [J]. Energy and Buildings, 2012, 47: 74-83.

［275］刘东志，刘峰，孟少卿，等. 智慧校园构建实例详解——天津大学北洋园校区智慧校园构建［M］. 天津：天津大学出版社，2018：5-15.

［276］ADEYEMI O J, POPOOLA S I, ATAYERO A A, et al. Exploration of Daily Internet Data Traffic Generated in a Smart University Campus [J]. Data in Brief, 2018, 20: 30-52.

［277］CAMPUS SUSTAINABILITY OFFICE CORNELL UNIVERSITY. Campus energy efficiency projects [EB/OL]. Cornell University, (2021-06-08) [2020-08-01]. https://sustainablecampus.cornell.edu/news/campus-energy-efficiency-projects-have-saved-54-million-and-230000-tons-greenhouse-gas.

# 致 谢

　　本书是作者博士生涯中重要的作品与总结,离不开导师、团队、相关领域专家学者的指导与帮助,在此由衷地向给予本书帮助的专家学者、设计实践者、管理者、协助参与调研的师生等致以诚挚的谢意。

　　感谢导师宋昆教授一直以来的悉心指导,宋老师对科研的持之以恒,对科研成果实践转化的不懈追求,对治学的一丝不苟,对逻辑与论证的实事求是,对学生的因材施教深深地影响了我,是我一生学习的榜样。

　　高校绿色校园研究是一项综合性、系统性强的工作。工作的展开主要分为以下四个阶段。

　　第一阶段是启蒙阶段。在宋昆教授、叶青博士的引导下,作者逐步学习、参与京津冀地区既有建筑绿色化改造相关科研工作,并将研究对象确定为"既有高校校园"(第1章)。从单个校园样本步行环境开始探索,逐步扩展到京津冀校园样本的综合性大范围调研,从而建立对高校校园现状的基础认知(第2章)。这个过程离不开校园建设领域的专家学者、导师团队及师弟师妹的支持。感谢天津城建大学汪江华老师对我的引导与支持,为我的博士生涯拨开迷雾;感谢天津城建大学姚钢老师、山东农业大学周波老师、北京矿业大学赵立志老师、北九州世立大学王贺博士、新加坡国立大学伍雨佳,以及天津大学保卫处王冬、高振虎老师,后勤保障部付永兴、冯德帅等老师,建筑学院王妍、李洁茹、田征等老师,辅导员刘丹青、田晓媛老师为校园调研提供的指导与帮助,坚定我深入研究的信心。

　　第二阶段是探索阶段。在大量基础性探索之后,作者赴荷兰进行联合培养,进一步深入学习高校校园的研究方法,系统研究高校校园评价体系的理论基础(第3章),为评价体系的构建提供方向。感谢国家留学基金委的资助,在2019—2020年赴荷兰代尔夫特理工大学联合培养的一年中,Alexandra den Heijer教授与Monique Arkesteijn博士领导的校园研究团队(Campus Research Team)给予我全心全意的帮助与指导,一次次深入浅出的讨论让核心论点的凝练拨云见日,Bart、Eilk、Mogazart、Lida、Naif、Flavia等小组成员从自身校园研究的经验出发,为我答疑解惑。疫情期间,科研讨论仍然井然有序,Monique同样牵着我的手进行了一段难忘的学术之旅。感谢代尔夫特理工大学的博士同学:吴红娟、Anna、Lucy等与我的碰撞与交流,感谢汪峰华、王碧玥、徐瑾、刘程、童青峰、符世龙、邓潇等同学跨学科的讨论与交流,让思想沉浸在宁静、温暖与无边的碰撞中，他们亦师亦友，是我科研的家人们。

第三阶段是深化阶段。基于前期的研究基础，将在国内外形成的研究思考进一步融合，基于京津冀校园实际构建并验证绿色校园评价体系（第4～7章）。感谢河北工业大学李媛、侯薇等老师对于研究的持续关注与深刻启发。感谢中新生态城绿建院邹芳睿、天津市建筑设计院卢琬玫、清华大学建筑设计研究院徐华、中国建筑设计研究院张思思、北京故宫文化遗产保护有限公司段瑞君、天津团泊新城委夏雪莹、天津市规划和自然资源局刘芸等设计实践领域的专家对本研究的持续支持，通过多次意见的收集与反馈，从不同视角探讨评价体系的价值导向与具体内容。感谢湖南财经学院欧阳晓、曲阜师范大学孟令冉老师对研究模型选型的帮助，让黑暗中的我寻到很多光束。感谢曼彻斯特大学孔令钰、天津大学李重阳、北京交通大学谢婷婷等同学对数据分析与跨学科观点的探讨，扩充深化研究的理论基础。

第四阶段是打磨阶段。从研究整体的系统性、逻辑性、连贯性出发，在校内外评审老师的指导下，不断打磨研究逻辑。感谢天津大学建筑学院赵建波、冯刚、汪丽君、高峰、李哲、尹宝泉、张赫、于娟等老师，环境科学与工程学院朱能老师对我科研的帮助与指导；感谢我的同门，在这个友爱的集体里给予太多帮助与力量。感谢张经纬、陈梦源、齐鹏、张诗达、孙弈先、张守仁、孙小凡、陈国瑞、阿不都西库尔、钟硕、刘金日等同门一起组建绿色校园科研团队，在严寒与酷暑中一起调研，在辛苦与汗水中不断打磨科研成果。感谢李梦思、王国伟、马秀峰、赵亚敏等同学，感谢丁潇颖、张小平、李智兴等师兄师姐，在我迷茫时予以的耐心答疑解惑。感谢每天让我觉得生活充满期待的刘泓江、吴雨婷博士，陈卓翾老师，每一次的迷茫与低潮都有你们的理解与疏导，让我暂时踏上快乐星球之旅。

特别感谢叶青师姐、赵强师兄。至今为止，我依然认为攻读博士是人生的艰难挑战之一，在这个过程中，叶青师姐手把手地牵着我走向规划的学术路径，如果说大导是光明的太阳照亮通往山峰的路径，那么小导就是每天拂面的清风，以鼓励与关怀，以客观与具体，以鞭策与反馈不断引领我持续攀登。

感谢武汉大学童乔慧教授、黎启国老师一直以来对我的支持与帮助，是我持续进步的动力源泉，感谢武大的亲友团唐莉、周瑛，城设四花刘溪、陈韵怡、陈诗欣，与知心好友田永乐，她们持续关爱我的身心健康，让我与自己和解。

感谢我的父母、公婆对我博士研究的支持与理解，对我自由选择的宽心；感谢我的爱人王义文先生，我们都常说"没有你，就没有现在的我"，是你让我体验另一种人生，让我坚定与从容。

博士阶段的研究是一个资源密集、持续破壁、循环上升的过程，感谢许多良师益友的支持与鼓励；博士生涯也是认识世界的一种方式，感谢自己。